히말라야로 통하는
나의 사랑,
지리산 가르마

히말라야로 통하는 나의 사랑, 지리산 가르마

초 판 1쇄 2021년 09월 29일

지은이 김재농
펴낸이 류종렬

펴낸곳 미다스북스
총괄실장 명상완
책임편집 이다경
책임진행 김가영 신은서 임종익 박유진

등록 2001년 3월 21일 제2001-000040호
주소 서울시 마포구 양화로 133 서교타워 711호
전화 02) 322-7802~3
팩스 02) 6007-1845
블로그 http://blog.naver.com/midasbooks
전자주소 midasbooks@hanmail.net
페이스북 https://www.facebook.com/midasbooks425

ISBN 978-89-6637-969-9 03690

값 25,000원

미다스북스는 다음세대에게 필요한 지혜와 교양을 생각합니다.

17번의 지리산 종주와 2번의 히말라야, 그 장대한 기록

히말라야로 통하는

나의 사랑,
지리산 가르마

김재농 지음

미다스북스

추천사

문학평론가 **김봉군**

가톨릭대학교 명예교수
문학박사

　김재농 선생의『히말라야로 통하는 나의 사랑, 지리산 가르마』는 이 땅 대자연에 바치는 한 다발 헌사(獻詞)다. 선생은 산청 태생이니, 곧 지리산 사람이다. 선생이 지리산을 17차례나 종주(縱走)하고 역사적 기록을 남긴 것은 그러기에 필연이다.

　지리산은 백두대간이 남녘 끝자락까지 흘러와 진좌(鎭坐)하였기에, 일명 두류산(頭流山)이다. 신라 5악 중의 남악(南嶽)으로, 우리 겨레가 대대로 신성시해온 영산(靈山)이다. 신라 말의 대학자요 문장가인 최치원이 지리산 아래 쌍계사에 진감국사비(眞鑑國師碑)를 남긴 것은 우연이 아니다. 퇴계 이황과 함께 영남 유학의 쌍벽이었던 남명(南冥) 조식(曹植) 선생도 무리를 거느리고 지리산을 등반한 기록이 남아 있다. 김재농 선생 역시 지리산 종주기를 쓴 명사(名士)로 우리 문화사에 남게 되었다.

김재농 선생은 필자와 진주고등학교 동기생이며, 서울대학교를 같은 해에 입학했다. 선생은 지력(知力)이 출중하여 서울대 약학과를 전성기에 수학한 재사(才士)다. 약사이자 문인인 그는 시집 1권과 수필집 3권을 이미 상재(上梓)한 바 있다. 그의 시와 수필에는 산과 바다 이야기가 많다. 우리 산하는 물론 범접하기 어려운 히말라야까지 답파한 거인(巨人)이며, 스쿠버다이빙 해외 원정까지 한 모험가이기도 하다.

　　김재농 선생의 글은 진솔(眞率)하며 군더더기가 없다. 선생은 대상에 직핍하여 그 진면모를 포착해낸다. 미사여구를 동원한 현란한 수사로써 진실을 과대황장(過大皇張)하지 않는다. 그렇다고 문체가 무미건조하다는 뜻이 아니다. 기행 수필답게 산문으로 된 서사(敍事)의 굵은 뼈대에 서정의 살이 실하게 붙었다. 적절한 대목에 스스로 쓴 시를 제시하여 감흥을 환기하는 필법(筆法)을 자유자재로 구사한다.

　　문체만 그럴듯하대서 좋은 글이 아니다. 진솔하고 질박한 문체에 사유(思惟)의 깊이가 감싸여 있어야 생명력이 있는 글이 된다. "나는 손발이 없는 인간은 생각할 수 있다. 머리가 없는 인간도 생각할 수 있다. 그러나 생각하지 않는 인간은 생각할 수 없다."라고 파스칼은 극언을 했다. 인간을 "생각하는 갈대"라고 한 『팡세』에 실린 말이다. 문체만 현란하고 속이 텅 빈 언어유희를, 선불교(禪佛敎)는 '기어(綺語)의 죄'라 하고, 신약 성서는 소란한 '꽹과리 소리'라 질타한다.

　　선생의 문체는 "조각구름이 버선발로 서성인다.", "운무는 찰랑찰랑 땅의 여백을 메운다.", "진달래가 수줍은 숙녀라면, 철쭉은 부지런한 또순이다.", "사흘을 공들여 보여주는 반야봉은 하늘의 산이요, 지리산 철쭉의 화신인가.", "별들도 잠에서 깨어나 소리 없는 응원을 보낸다.", "푼힐은 히말라야의 향기 좋은 한 묶음 꽃다발이다."에서 보듯이, 시적 메타포까지 동원한 '보여주기(showing)'의 문예 미학은 가히 절륜의 경지를 가늠한다. 하지만 "어둠이 고요를 낳고 고요는 적막을 낳더니, 적막은 잠을 청하게 하는구나.", "인간은 산봉우리를 정복할 수 있으되, 자연 그 자체를 정복할 수는 없다.", "속세는 깜깜한 밤이었다.", "죽을 힘을 다해 올랐더니, 죽지 않고 오히려 생생하더라.", "생과 사는 하나이며, 태양은 생과 사를 구별하지 않고 축복을 내린다."와 같은 사유의 깊이를 얻고서야 선생의 기행 수필은 완결성의 요구에 부응한다.

김재농 선생의 산행(山行)은 단순한 힘 기르기를 위한 무모한 질주와는 준별된다. 그것은 속계(俗界)의 티끌 너머 '저 피안'의 선계(仙界)를 향한 꿈의 실현으로 표상화한다. 그 꿈은 자주 '더불어서' 분투하는 역정(歷程)에서 피어오르나, 마침내 '홀로 서' 거대한 육산(肉山)을 종주하고 정상에서 정천입지(頂天立地)하는 실존적 자아의 표상으로 독자들에게 다가온다.

현대인의 불행은 분리(detachment)의 비극에서 온다. 인간과 자연의 분리, 인간끼리의 분리, 인간과 절대 진리와의 분리 때문이다. 김재농 선생의 잠재의식 속에는, 특히 자연과 자아 간의 분리 불안(separation anxiety)이 살고 있는 것으로 보인다. 지리산, 에베레스트 산을 줄기차게 오르고, 깊은 바다 속을 탐색하는 것은 범상한 행위는 아니다. 분리된 자연 낙원(Greentopia)과의 '만남'을 위한, 숙연한 분투로 읽힌다.

글에도 어조(tone)가 있다. 소재와 독자에 대한 작가의 태도가 어조다. 김재농 기행 수필의 어조는 강약의 리듬을 타고 발현된다. 예로 급류를 타고 내닫다가 잠시 늘어진 여유를 보이는 어조가 시간의 흐름 속에서 교차한다. 어조가 강의(剛毅)하여 남성적이다. 이 같은 어조들이 집약적으로 표출된 다음 대목을 보라.

"푼힐 언덕을 내려올 땐 가슴이 텅 비었다. 가슴 속에 쌓였던 무거운 삶의 더께들이 스스로 날아가고, 정녕 가슴은 비었다. 고통의 보람이요, 성취의 기쁨이다. 그렇다, 고통, 탐욕, 정욕 같은 부정적 마음은 형체는 없으나 천근만근의 무게다. 그러나 사랑과 기쁨, 선하고 아름다운 마음은 형체도 없고, 무게도 없다. 행복은 질량이 없다. 그래서 가슴이 가벼울수록 행복을 느낀다. 지금 같은 기분이면 세상을 사랑할 수 있을 것 같다. 사람들은 이곳에서 히말라야를 느끼고, 지구촌의 비경을 체험한다. 푼힐을 체험한 사람들은 자기 자리로 돌아가, 아마도 훌륭한 일을 할 것이다."

　이것은 〈히말라야 제1의 전망대, 푼힐〉의 결미부다. 이 대목에서 독자들은 산이 단순한 물리적 대상이 아니라, '생각하는 갈대'인 인간을 각성시키는 형이상학적 실체로서 전경화(前景化)한다. 이로써 김재농 선생의 욕망적 자아는 잠재적 분리 불안에서 깨어나, 정신적 카타르시스를 체험하며 영적 구원의 경지에 도달한다.
　김재농 선생의 여생이 이같이 영적으로 길이 평탄하시기를 축원하며, 천하의 독자 제위께 이 명작 기행 수필집을 추천한다.

신현목

백골부대 용사
(지리산 종주 6회)

축사

늙은 신병사의 노래

존경하고, 사랑하고, 자랑스러운 나의 벗.

수필집 『히말라야로 통하는 나의 사랑, 지리산 가르마』를 상재함에 진심으로 축하드립니다.

지난 여름은 유난히도 무더웠습니다. 일상을 훼방놓은 코로나는 정말 무섭게도 번져 우리 모두의 생활을 움츠러들게 하였습니다. 그러나 당신은 이에 굴하지 않았습니다. 용기 있고, 힘차게 지혜롭게 활동하여 창조하기 좋아하는 명석한 두뇌로 영광스런 결실을 만들어내었습니다.

돌이켜 생각해봅니다.

우리의 만남은 어느덧 60년이 지난 먼 이야기가 되었습니다. 가슴마다 성스러운 이념을 품고 이 세상에 사는 진리를 찾아 희망과 자유를 즐기던 젊은 시절, 우리가 피 흘려 일궈낸 4·19가 겨우 1년을 넘기고 5·16 군사혁명으로 무너져버렸죠. 그 혼돈의 와중에 방황하던 우리가 만난 곳은 학도병이란 이름으로 찾아간 군대였습니다. 김병사, 신병사의 호칭으로 강원도 김화, 최전방 휴전선 남방한계선 바로 밑 백골부대였지요.

나는 벗과의 만남으로 정말 무척 행복한 삶을 살았다오.

60이 넘어서 생각지도 못한 스쿠버다이빙을 배우게 되었고, 트레킹으로 세계를 누볐고, 그 힘들다는 지리산 종주를 6번이나 했으니 말입니다. 자유의 깃발을 휘날리며 노년을 힘차게 보낸 것입니다. 내 생애에 벗이 없었다면 지난 10여 년간의 내 호화롭고 풍만한 행복의 세월은 없었을 것입니다. 감사의 마음이 밀려옵니다.

특히 지리산 종주는 즐거움의 한 페이지를 열었습니다. 예봉산부터 키나발루를 위시하여 중국의 옥룡설산. 일본의 남알프스 종주, 스위스 알프스에서 본 세계의 미봉 마테호른. 프랑스 샤모니의 눈 덮인 몽블랑 그리고 히말라야 등이 파노라마처럼 흘러갑니다. 그래도 우리가 제일 많이 가본 곳이 백두대간의 웅대한 종점, 지리산입니다. 전라남북도와 경상남도 등 3도를 품고 있는 장엄한 산, 지리산! 노고단에서 삼도봉, 연하천, 벽소령, 세석평전, 장터목, 천왕봉으로 이어지는 그 길을 나는 벗과 함께 6번이나 걸었습니다.

꽃 피는 지리산
산새 우는 지리산
물맛 좋은 지리산
신록이 싱그러운 지리산
아름다운 단풍의 지리산
걸어도 걸어도 끝이 없는 지리산 종주길

힘들기도 했지만 즐겁고 뿌듯한 성취감에 행복하기도 했으며, 많은 것을 보고 배웠습니다. 산행에 무거운 짐의 무게를 줄이기 위해 한끼에 1인당 100그램씩 정해놓은 쌀 봉지는 정말 훌륭한 아이디어였습니다. 언젠가 산죽에 피어난 난생 처음 보는 조그만 꽃을 보고 향기를 맡던 추억도 새롭습니다.

벗은 기록의 대가입니다. 글로 써서 책으로 남기는 것도 내가 알기로 벌써 다섯 번째이고, 카메라에 조예가 깊어 모든 산행을 영상으로 찍어서, 정말 방대한 자료를 가지고 있을 것입니다. 부럽습니다.

앞으로도 벗의 그 끊임없이 샘솟는 힘과 지혜가 세상을 행복하고 즐겁고 풍만하게 만들어 나아가기를 마음 바쳐 빕니다. 다시 한 번 진심으로 수필집 출간을 축하합니다!!

2021. 09.
벗, 백골부대 신병사가

약사 **송성윤**

(주)오스코리아제약 이사
(지리산 종주 4회)

이번 김재농 회장님의 수필집 『히말라야로 통하는 나의 사랑, 지리산 가르마』의 상정을 진심으로 축하드립니다.

인생의 후배로서 또 약사직능의 까마득한 후배로서 축사라기보다는 산을 좋아하게 된 동기와 지리산 종주의 넋두리를 털어놓을까 합니다.

평소에 남양주시약사회가 주관하는 전국 약사 해외트레킹에 관심이 많았습니다. 드디어 2015년 8월초 중국 태항산 트레킹에 참여하는 기회를 잡았습니다. 산행에는 경험이 적어 회원들께 민폐를 끼칠까 봐 보호자로 아들을 데리고 동행했습니다. 그러나 완벽한 진행과 회원들의 배려로 큰 어려움 없이 태항산 종주에 성공했습니다.

한편 회장님은 그해 가을 지리산 솔로 종주와 다음해 2016년 봄, 에베레스트 베이스캠프(EBC) 트레킹에 성공하셨다는 소식을 들었습니다. 저도 지리산 종주를 해야겠다고 마음먹고 졸랐습니다. 주력이 약하다고 완강하게 거부하는 것을 겨우 승낙을 받고, 그해 5월, 3박 4일의 지리산 종주에 나섰습니다. 일행이 4명이었는데 회장님을 제외하고 3명 모두 초행이었습니다.

눈앞에 펼쳐지는 연초록의 신록과 가는 곳마다 반겨주는 흐드러지게 피어 있는 철쭉꽃에 취해 힘든 줄도 모르고 산행했고, 날씨가 좋아 따가운 햇볕에도 행복했습니다. 특히 세석 산장으로 향하는 길의 화려한 철쭉은 지금도 눈앞에 선합니다. 회장님은 초짜 셋을 거느리고 밥을 해먹이면서도 불평 한 번 하지 않고 재미있게 산행을 이끌었습니다. 배낭이 가벼워야 산행이 즐겁다면서 배낭 무게를 신경 써주시고, 쌀의 무게, 반찬의 종류와 양, 마실 물의 양까지 체크해주셨지요.

지리산을 이미 10회 정도 종주하신 분이라, 지리산이 마치 매일 오르는 뒷동산인 듯, 곳곳에 피는 야생화와 약초, 볼거리, 풍광이 좋은 쉼터, 약수물 있는 곳, 위험구간과 지루한 곳, 일출이 멋진 곳, 또 각 구간마다 도착할 시간까지 모든 것을 안배해주셨습니다. 하루 평균 10~15km 산행에 10시간씩 걸어도 무리하지 않고 안전 산행을 할 수 있었습니다. 드디어 왕초보 셋이 완주에 성공했습니다. 천왕봉에서 중산리로 내려와서 막걸리로 쫑파티를 했는데, 그때 그 통쾌한 기분은 지금도 잊을 수가 없습니다.

지리산 종주를 두어 번 하고 나니 욕심이 생겼습니다. 히말라야로 가자. 마침 그때 혜초여행사에서 안나푸르나 베이스캠프(ABC) 트레킹 회원을 모집하고 있었습니다. 회장님이 참가한다기에 무조건 따라붙었습니다. 푼힐 라운딩 포함 11박 12일의 빡센 ABC 트레킹을 보기 좋게 성공했습니다. 정말 훌륭하고 짜릿한 추억이 되었습니다. 아~ 내가 히말라야를 가다니! 지리산 종주가 히말라야와 통했습니다.

그러다 보니 나도 지리산에 매료되어 현재 4번의 종주를 마쳤지만, 10번의 종주를 목표로 세웠습니다. 코로나로 종주가 중단됐지만 봄, 가을마다 지리산의 모습이 궁금해집니다. 이제 지리산은 저에게 두려움의 대상이 아니라 즐거움과 야생화 사랑의 대상이 되었습니다. 트레킹으로 자연에 대한 이해와 사랑을 배웁니다. 취미가 달라지고 인생관이 변합니다. 아웅다웅하는 속세에서의 즐거움보다는 자연 속에서 얻어지는 기쁨이 훨씬 더 큰 즐거움이요 보람이라는 것을 알았습니다.

김재놓 회장님은 지리산 전도사라고 불립니다. 많은 사람들에게 지리산 종주 구경을 시켜주니까요!

다시 한 번 김재놓 회장님의 『히말라야로 통하는 나의 사랑, 지리산 가르마』 출간을 진심으로 축하드리며, 저의 넋두리를 끝냅니다. 감사합니다.

시인, 약사 **성수연**

전국 약사문인회 회장
(지리산 종주 1회)

막걸리나 한잔 하지

76세에 히말라야를 등정한 선배님 따라 나선

지리산 종주 산행 초행길

낮달이 걸렸던 노고단 대피소엔

이내 노을이 황홀하다

9시 소등

코고는 소리 가득한 밤

잠은 왔다 갔다

오르고, 내리고, 걷고, 또 걷고,
속절없이 무릎을 꿇어야 통과시키는 지리산아!
야생화에 몰입한 선배님은 꽃을 보며 가라한다
돌에 걸려 넘어지지 않으려
사투를 벌이는 나의 시간들

산행은 배낭이 가벼워야 즐거워
우리 인생도 그렇지

파김치가 되어 벽소령 대피소에 도착
천왕봉 너 그렇게 잘났느냐!
상현달이 냉소로 바라본다
북두칠성이 어깨동무해주고 지리산과 화해
벽소령의 아침은 훈훈한 산바람이 불고
왕파리들이 식탁을 먼저 점령했다
76세 선배님 두 분의 입담이 밥이 되는 시간
지리산 행간들이 메워진다

이제야 보이는
고생대 발현한 지리산 자락들
장관이다

장터목 대피소의 마지막 밤은 짧다
별들도 잠든 시간

헤드 랜턴 불빛이 반딧불이 되어 날아오르고
통천문을 지나니
천왕봉 아래 주홍빛 카펫이 깔려 있다
천왕봉에 올라 장엄하게 기다렸다
그 님이 모습을 보이자 눈물이 났다

천왕봉을 내려오며 아무 미련도 없다

관절을 망가뜨리는 재미에 빠진 너덜길로 하산
기다리던 76세 선배님 친구분
인생은 가장 힘든 사람과 함께 하는 거야
지리산 행간 하나 또 메워졌다

마지막 남은 힘이 제로가 되는 순간
주인 허락 없이 방출되는 대형사고
칼바위 쉼터에 죽을힘으로 도착
잠시 쉬고 나니

"저 아래서 막걸리나 한잔 하지"

아무렇지도 않게 툭툭 털고 일어나는
76세에 히말라야를 등정한 선배님

– 2016년 6월 11일 개포동 산사에서

시인 **최문옥**

스토리문학으로 등단
(지리산 종주 2회)

지리산 종주기

병꽃이 손을 잡아주는

휘파람새가 등을 밀어주는

고개 넘던 구름이 두 손 들고 환호하는

모퉁이 외진 오솔길

무더기 산죽이 경례를 보내는

배낭 깊숙이 접어둔 근심이 낮잠을 자는

바위 새 쏟아지는 초록 물에 몸을 담그는

바위에 새겨진 현대사

핏빛으로 아른거리는

서정시 한줄 주워

몇 번씩 마음에 새기는

구비치는 봉우리 끝

맏형 천왕봉을 찍고

땅거미 내리는 골짝길

나의 정상으로

이제 내려간다

– 창원 능운재에서

목차

1부 지리산 가르마의 비경을 열다

1장 삼라만상이 나를 위해 존재하더라

2장 지리산 걷고 싶은 내 마음

3장 내 인생이 지리산 꽃길만 같아라

2부 라니구라스 붉게 피는 히말라야

1장 에베레스트는 인간의 꿈이었다

2장 벽안의 그녀, 안나푸르나

※ 본 책에는 17번 종주와 2번의 등반을 통해 저자가 직접 그린 지리산 종주 지도와 코스별 하산 루트 및 에베레스트 베이스캠프 코스, 안나푸르나 라운드 코스의 지도가 담겨 있습니다.

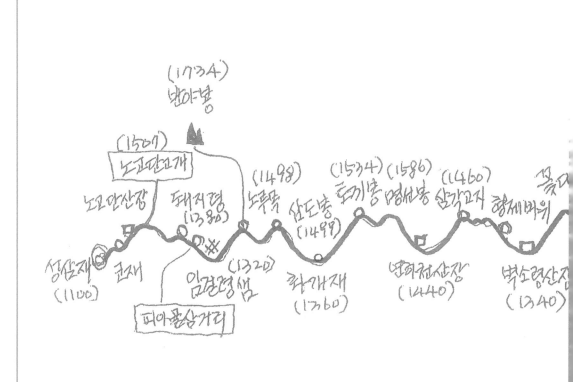

(1734)
반야봉

(1507)
노고단고개

노고단산장   돼지령   (1498)   (1534) (1586)   (1460)   꽃대
           (1380)   노루목   삼도봉 토끼봉 명선봉 삼각고지 형제바위
성삼재   (1320)   (1499)
(1100) 큰재 임걸령 샘   화개재   벽소령산장   벽소령산장
                       (1360)   (1440)   (1340)
피아꼴삼거리

※ 위 종주 요약도는 거리보다는 높이를 참고했습니다.

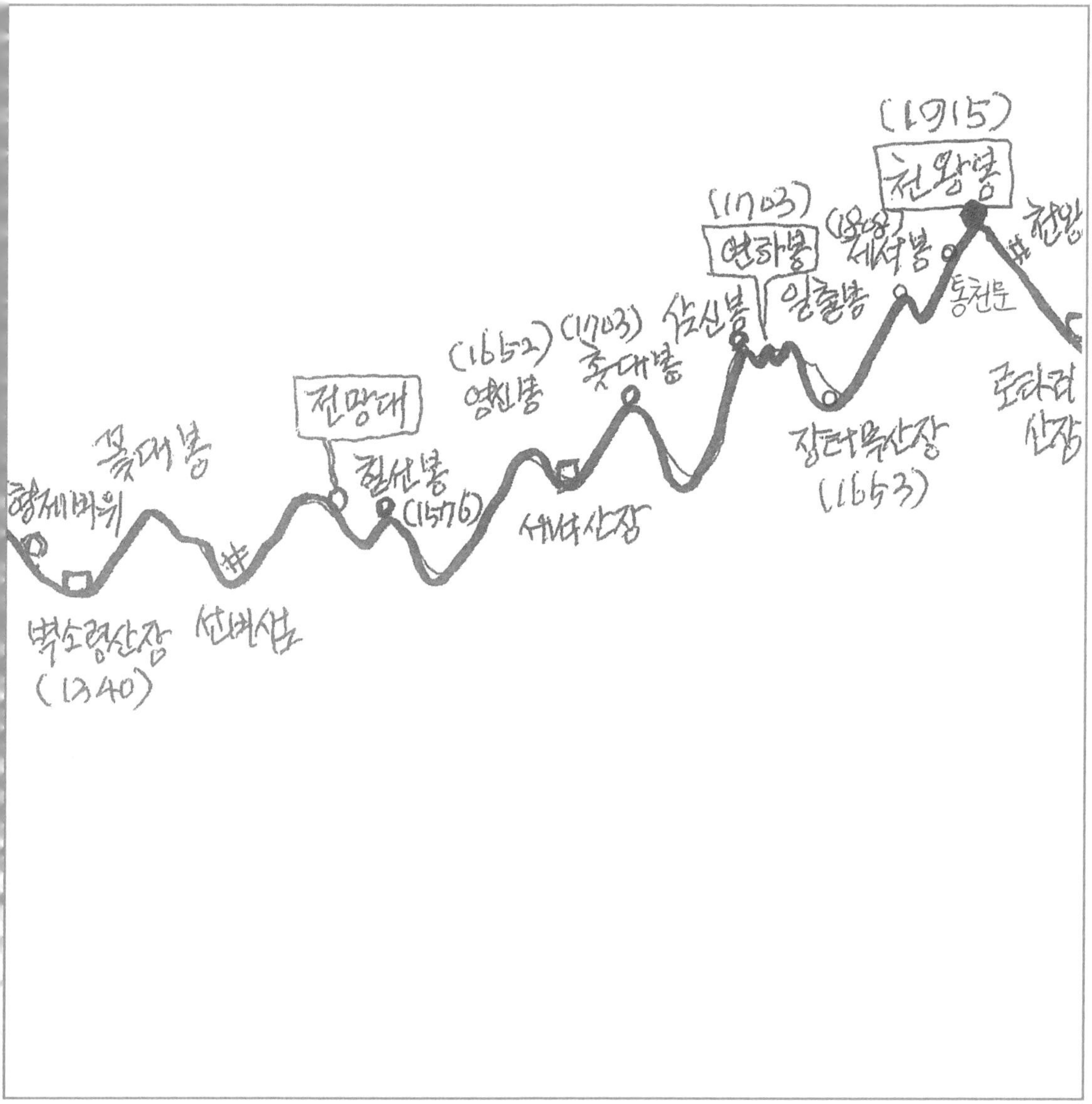

(1715)
천왕봉

(1703)
연하봉

(응양)
제석봉

천왕

(1652) (1703)
영신봉   촛대봉

삼신봉
일출봉

통천문

전망대

칠선봉
(1576)

장터목산장
(1653)

로타리
산장

꽃대봉

선비샘

서너산장

햄세바위

벽소령산장
(1340)

아침을 맞는 지리산 주능선.
멀리 천왕봉과 촛대봉 능선이 하늘선 긋는다.
- 토끼봉에서

1부

지리산 가르마의
비경을 열다

지리산 문을 열며

자연에는 사랑과 기쁨이 있다.

슬픔과 미움 같은 것은 없다. 이런 것들은 인간끼리 만들어낸 감정이다. 인간은 이런 것들로 좌절하고 갈등하고 번뇌한다. 그래서 나는 산을 찾는다. 산은 순수한 자연이기 때문이다. 지리산 종주는 나의 사랑이요 기쁨이다!

우리나라는 산이 많다. 사람들이 입맛대로 산을 골라잡을 수 있을 정도다. 그래서 우리나라 사람들이 건강하다. 술이 문제긴 하지만…. 한라산이 높다 하나 너무 밋밋하여 재미가 없고, 설악산은 수려하나 너무 거칠고 요란하다. 그래도 후덕하고 아기자기하기는 지리산이 최고다. 필자가 지리산을 가게 된 것은 어쩌면 운명인지도 모른다. 태어난 곳이 바로 지리산 자락이기 때문이다.

두류산 양당수를 예 듣고 이제 보니

도화 뜬 맑은 물에 산영(山影)조차 비취누나

아희야, 무릉이 어드메뇨 나는 옌가 하노라

이 시는 남명 조식선생의 애송시다. 양당수가 흐르는 지경이 무릉이라 했다. 양당수는 지리산 중산리 계곡과 대원사 계곡을 치고 내려온 두 물줄기가 만나서 얼싸안고 기쁨을 나누는 곳이다. 바로 필자가 태어난 곳이다. 양당수에서 멱 감고 고기 잡고 물장구치며 자랐다.

그런데 우리 마을에서 보면 지리산이 빤히 올려다 보인다. 천왕봉뿐 아니라 중봉과 써리봉까지 서북쪽에 우람하게 솟아 있다. 지리산의 4계절을 앉아서 본다. 하얀 눈을 쓰고 있는 모습에서 히말라야를 연상한다. 나와 지리산의 만남이 어쩌면 숙명인지도 모른다.

필자가 지리산에 관한 책을 집필하리라곤 생각지도 못했다. 지리산 종주 1회가 57년 전이고, 2회가 30년 전이며 3회는 28년 전이다. 그동안 객지생활에 환경 변화도 많았고, 이사는 또 몇 번을 했던가. 어떻게 해서 그때 써둔 산행기가 지금껏 남아 있느냐 하는 것이다. 내가 남긴 것이 아니라 스스로 존재한 것이구나 하고 생각하니 이것 역시 숙명이라 할 수밖에 없지 않은가.

지리산 종주는 처음 한두 번 할 때가 힘들다. 자주 할수록 재미있고 수월하다. 등산로와 장비 그리고 취사에 익숙해지기 때문이다. 마음의 여유가 생기면 새소리도 들리고 야생화도 보인다. 즐겁고 기쁘다. 자신감이 돋아난다. 장거리 산행은 배낭이 가벼워야 즐겁다. 배낭의 중량을 줄이는 데는 상당한 숙련이 필요하다. 처음엔 혹시나 해서 이것저것 넣다보면 배낭이 빵빵해진다. 몇 번 되풀이해서 종주하면 요령이 생긴다. 배낭이 가벼우면 하찮은 쑥부쟁이도 말을 걸어오고, 나무 끝의 가랑잎도 내가 나타나면 반가워서 어쩔 줄을 몰라 한다.

지리산 종주능선은 그 높이가 600m의 고도 차이가 난다. 임걸령이나 화개재 같은 곳은 해발 1,300m 정도다. 천왕봉이 1,900m이라면 600m의 차이가 나는 셈이다. 이 600m의 고도 차이가 요술을 부린다. 야생화뿐만 아니라, 단풍도 신록도 높이의 영향을 받는다. 따라서 지리산 종주는 한 번에 모든 것을 다 볼 수도 없고, 아무것도 보지 못할 수도 없다. 가령 지리산 철쭉길을 걸어보고 싶으면 5월 중순쯤이 좋고, 신록의 블랙홀에 빠져보고 싶으면 6월 중순쯤이 좋다. 주종인 굴밤나무의 잎이 좀 늦게 피기 때문이다.

지리산 종주 선상에는 5개의 산장이 있다. 장터목 산장에 예약이 이루어져야 천왕봉일출을 보는데, 예약이 쉽지 않다. 만약 세석에 예약하게 되면 촛대봉 일출을 보면 된다. 이처럼 모든 것을 내 마음대로 볼 수 있는 지리산이 아니다. 욕심을 내어서도 안 되고, 욕심을 낼 필요도 없다. 볼거리는 얼마든지 있기 때문이다. 새 소리를 즐기려면 6월 초 전후가 좋지만 야생화는 예상이 어렵다. 개화 기간이 짧기 때문이다. 가끔씩 경치 좋은 쉼터를 만나 가슴이 빵 터지는 통쾌함을 맛보는 것은 엄청난 힐링이 된다.

이 좋은 지리산 종주를 나만 즐길 수 없어 다른 사람에게 선전을 많이 했다. 그래서 지리산 전도사란 말을 듣기도 하지만, 종주가 쉬운 일은 아니다. 등산로가 험하기도 하지만 대피소 예약이며, 취사 문제. 배낭의 무게 등이 있어 많은 사람을 한꺼번에 참여시킬 수가 없는 애로가 있다. 그러나 지리산 종주는 우리나라 최고의 종주 산행임이 틀림없다.

지리산을 17번 돌아도 또 돌고 싶으니 이를 어쩌면 좋아!

2021. 09.
바람골 고기리에서, 덕송 김재농 드림

천왕봉 정상에 선 필자

1장

삼라만상이
나를 위해 존재하더라

히말라야 외
저자가 트레킹한 유명 해외 포인트

---

01 사마리아 협곡 트레킹 / 크레타섬 / 그리스

02 시내 성산(해발 2,285m) / 시나이 반도 / 이집트

03 일라라 계곡(Ihlara vadisi) 트레킹 / 카파도키아 / 터키

04 Mt. 키나발루(해발 4,095m) / 말레이시아

05 호다까다께(해발 3,200m) / 일본

06 황산 서해대협곡 / 중국

07 융풀라우와 마테호른 / 쩨르마트 / 스위스

08 몽블랑 / 샤모니 / 프랑스

09 키타다께 종주(해발 3,200m) / 일본

10 차마고도와 옥룡설산 / 중국

11 체체궁산(해발 2,300m) / 몽골

12 백두산 서파, 북파 / 중국

13 태항산맥 왕망령, 동태항산 종주 / 중국

14 고비사막 홍고르엘스, 바얀작 / 몽골

15 숭산, 화산 트레킹 / 중국

01 지리산 가르마

옥비녀로 선을 긋고
참빗으로 다듬었나
백리 능선 하늘 길
지리산가르마

휙–
노고단 한 번 둘러보고
돼지령 너머
머나 먼 천왕봉까지
아~ 험난한 지리산 가르마

속절없이 걸어야 하는
너덜길
걷다가 걷다가 힘들면
쉬어 가고
목마르면 샘물 먹고
심심하면 야생화 찾아
눈 맞춤하고
가다가 가다가 길 잃으면
산새 따라가지요

산모롱이 돌 때마다
펼쳐지는 선경
찰랑대는 운무 위로 솟구치는
일출 신비
아스라이 내려앉은 산너울
꿈만 같아라

나는 보았네
구상나무 새잎의 생명력을
나는 느꼈네
가을 하늘 맴도는 가랑잎의 노래를

지리산 가르마는 마음의 길

지리산 가르마(연하봉 오르는 길)

02 1964년 여름

4·19와 5·16의 격변기를 거치면서 군 생활을 마친 나는 복학생이 되었다. 마침 그해 일본과의 수교회담으로 전국의 학생들이 격렬한 데모를 했다. 급기야 강제 휴교령이 내려졌다. 그 찜통 같은 여름에 결행된 것이 내 인생을 좌우하는 최초의 지리산 종주 산행이었다.

덕산의 중산리로부터 천왕봉을 거쳐 노고단을 경유하여 구례 화엄사로 빠지는 3박 4일 일정이었다. 그때만 해도 지리산에는 산장이나 안내판, 이정표도 전혀 없었다. 능선을 따라 길은 있었지만 분명치 않은 곳이 많았다. 경험이 있는 친구 형(고 정인화, 서예가)이 안내를 맡았다. 장비는 전부 군용인데 그 시대는 등산용품이 제대로 없었기 때문이다. 군화, 배낭, 판초우의와 모포, 항고, 탄띠에 수통까지 모두가 군용이다. 그때 사진을 보니 세월을 실감케 한다. 선글라스가 우스꽝스럽다. 지팡이는 호신용인 동시에 등산로 개척용이다. 이 글은 그때 쓴 산행일기 전문이다. 고등학교 동기생들과 함께했다.

군대생활처럼 지루하던 장마가 물러간 뙤약볕 여름. 하늘에서 땅에서 가공할 열풍을 뿜어댄다.

중산리 다리에서

10시, 진주에서 들어오는 덕산(산청군 시천면) 착 버스에서 대원 5명과 합류, 11시 10분 중산리 방향 종점인 곡점에 닿았다. 모두 짙은 동복에 선글라스 끼고 워커를 신어 단단하고 힘차다. 마치 중요 임무를 띤 결사대 같이 패기가 넘친다. 신작로 길바닥에 주저앉아 준비했던 점심밥과 국수를 짬뽕해서 배부르게 먹었다.

12시 5분.

드디어 출발의 고동이 울린다. 모두들 걷잡을 수 없는 흥분을 가라앉히며 천왕 정복의 꿈을 안고 힘찬 제1보를 내디딘다. 팔소매를 걷어 올리고 가볍게 얹어놓은 모자를 햇볕의 방향에 따라 돌려가며 걷는다. 탱글탱글한 배낭은 돌덩이처럼 무거워 벌써 푸르스름한 정맥이 노출 부분을 장식한다. 동당리에 닿자 우물물 한 바가지씩 들이킨다. 자, 힘내자!

라디오에선 즐거운 한나절의 유쾌한 노랫소리가 더위를 씹고 가는 대원들을 위로해준다. '목장의 아가씨~ 시원한 밀짚모자' 등 가수 박재란 양의 앳된 목소리가 간지럽게 울려 퍼진다. 마구 내리쬐는 햇볕에 소나기처럼 흘러내리는 땀방울! 목에 걸친 수건은 벌써 몇 번을 짰다. 어디선가 들려오는 개울 물소리는 듣기만 해도 오장육부가 후련해지는 느낌이다. 빨리 개울이 왔으면 뼛속까지 식혀보련만…. 중산리에서 잠깐 쉬며 냉수와 사이다로 타오르는 불과 갈증을 이겨낸다.

출발!

오늘은 법계사까지 가야 한다. 용기를 내어 앉은 자리를 박차고 일어나 마을을 통과하고 고개를 넘고, 논두렁을 지나 산길로 접어든다. 배낭끈의 마찰에 두 어깨의 살 뭉치가 떨어져 나가는 듯 아프다. 계단식 천수답엔 거무스레한 벼 포기가 무척 건강해 보이고, 스쳐 흐르는 맑은 논물은 한층 차가워 보인다. 개울이 올 때까지 최후의 10분이라는데, 대원들은 구슬땀을 연신 훔쳐낸다.

2시 25분. 드디어 개울이 왔다! 바지까지 땀이 밴 대원들은 다투어 뛰어든다. 심산의 물이라 차기도 하련만 우리들에겐 왜 이렇게 미적지근한고! 벌겋게 타버린 벼 포기는 빗물에 잠겨도 생기를 회복할 수 없듯이, 아무리 물속으로 곤두박질쳐도 내장까지 식혀주진 못하더라. 미숫가루와 달착지근한 과자로 심신을 달래며 담배연기와 한때를 즐긴다.

옹기종기 바위틈을 흘러내리는 개울물 소리는 자연의 심포니! 하늘거리는 나뭇잎도, sing sing 매미 소리도, 두둥실 떠도는 조각구름도 아름다운 음악이요 그림이다. 인간은 모름지기 베토벤이나 쇼팽의 교향곡을 좋아하기 전에 이 웅장하고 화려한 대자연의 조화를 배워야 할 것 아닌가.

3시 5분! 이 모든 것을 한 줌의 아쉬움으로 돌리고 출발! 줄곧 산길을 오른다. 이 부근엔 화전민들의 낡은 집들이 보인다. 집은 있되 울타리는 없고, 문은 있되 창호지는 없고, 사람은 있되 장독도 창고도 없다. 집 주위엔 떨어진 옷 조각이며 해진 운동화가 여기저기 뒹굴고 있다.

벌거벗은 칼바위의 위용

더욱 가파른 산길을 기어오르느라 목구멍은 기차 불통처럼 불을 쏟아낸다. 우리는 키를 넘는 산죽이 도열한 가운데 드디어 칼바위에 도달한다. 삼각뿔처럼 우뚝 솟은 거대한 바위다. 그 아래로는 깊은 절벽. 등산객들의 승리의 이름들이 전면에 낙서되어 있다. 얼마나 힘들었으면 낙서까지 했을까.

3시 35분.

있는 힘을 다해 출발이다! 길을 덮은 나뭇잎을 가르면서, 흐르는 땀방울을 훔치면서, 아름다운 경치를 곁눈질하면서, 날카로운 돌부리를 조심조심 하면서 전진 또 전진! 이때 길이 이상하다는 대장님의 비명! 정찰을 하고 오시더니 슬프게도 "Go back!" 그때가 4시 10분! 오호통재라 땀방울이여, 무엇으로 보충할까, 에너지의 고갈이여, 전진 앞으로의 허무여, 오호 애재라 Back down의 아픔이여! 눈물을 머금고 올랐던 길을 다시 내려온다.

자, 정신무장을 새로이 하자! 본격적으로 치받는 산길을 씩씩거리며 오른다. 급경사도 최고조에 달한다. 한 발 두 발 갓난아기 걸음마 배우듯 오른다.

〈왼발 오른발의 행군〉

당겨라 앞발 밀어라 뒷발
사람 살려라 왼발 오른발

오! 내 사랑 구름이여
날 버리고 혼자 가나
인정머리가 눈곱만큼이라도 남았으면
정상까지만 날 태워주오
아~ 좔좔 흐르는 개울물이여
이내 간장 다 녹는다
친구가 이렇게 힘든데
나 몰라라 혼자 가나

땀방울도 씻어 주고
타는 목도 축여주렴

길섶의 도토리야
건너편 참나무야
인사도 좋지만 친구가 이리 힘든데
보고만 있을 테냐
오냐 오냐 두고 보자

바람아 불어라 바위야 지나가라
조물주의 실수로 지리산이 생겼구나
한 발, 두 발
왼발, 오른발
아, 오직 전진 전진뿐이다!

　점점 가파른 산길을 헐떡거리며, 최후의 5분을 다시 부르짖으며 늘어지는 어깨를 치켜세운다. 얼마 후 급경사 오르막이 끝나고 풀에 뒤덮인 묏등이 하나 나왔다. 대원들은 완전히 퍼졌다. 배탈을 우려하여 냉수를 삼갔으나 불능이다. 나폴레옹의 사전은 여기 없다. 마음껏 들이킨다. 묏등에 드러누우니 구름은 난무하고 어디선가 들려오는 개울물 소리는 그칠 줄 모른다. 아래로는 칼바위와 목욕장이 까마득히 보인다.
　야, 제법 왔구나! 기쁨과 쾌감이 몰려온다. 과자 한 입 물고 또 가야만 하는 기구한 운명! 다시 한번 젊음을, 자―출발! 그런데 가시덤불 사이로 내미는 빨간 딸기가 우리를 유혹하는 것이 아닌가. 한 알, 두 알, 심산(深山)의 그 달콤한 유혹에 대원들은 정신없이 숲을 헤치고 들어간다.

법계사 3층 석탑 앞에서

드디어 망바위! 6시 50분! 거대한 망바위에 오르니 정말 사방이 다 보인다. 계곡으로부터 불어오는 시원한 바람에 땀방울이 사라진다. 한 모퉁이만 돌면 법계사란다, 출발!

해발 1,400m! 침엽수가 빽빽하다. 몸은 비록 녹초가 되어도 하얗게 죽어 있는 고목들은 밀림의 낯선 모습을 연상케 하고, 떠도는 구름 조각은 속세와 다른 하늘 세계를 보는 듯하다. 숲속으로 스며드는 짙은 안개에 살갗엔 이슬방울이 맺히고 더위는 간데 없다. 신기한 풍경에 신이 난 대원들은 사라졌던 흥이 다시 살아나 휘파람을 불어댄다. 약수터에서 다시 한번 텅 빈 배를 채우고, 틈만 나면 산딸기와 놀아난다. 벌써 저녁노을이 붉게 물들고 이름 모를 풀꽃들은 방긋방긋 미소 짓고, 사르르 불어오는 산바람은 향긋하기만 하다.

왔구나 왔구나 선경에 왔구나
떠났구나 떠났구나 속세를 떠났구나!
아, 오늘의 보람이여, 땀방울의 결정이여!
두 다리의 고통이여, 용광로 같은 태양이여!
생명의 승리여, 삶의 기쁨이여!

개울이다 개울이다 개울이 왔구나!

눈에는 생기가 돌고 다리에는 힘이 솟구친다.

해발 1,500m! 법계사(法界寺)는 우리나라에서 제일 높은 곳에 있는 절이라 한다. 새맑은 개울물은 평화롭게 흘러가고, 주변엔 무 배추 같은 채소들이 파릇파릇 싱그럽다. 길바닥의 돌부리는 피곤에 지친 우리를 발돋움해 밀어준다. 얼마나 많은 사람들이 저 문지방을 넘으며 안도의 숨을 내쉬었을까. 오늘은 우리가 개선장군이 되어 늠름한 모습으로 법계사의 문지방을 넘고 있는 것이다.

젊은 스님과 보살 할멈께 인사하고 하룻밤을 부탁했다. 땀투성이의 내의와 작업복을 씻고 양말과 수건도 빨아서 여기저기 널어둔다. 지리산에도 밤은 왔다. 달빛은 휘영청 심산에 스며든다. 안개의 소용돌이가 세상을 구름 속으로 몰아넣는가 하면 어느덧 둥그스름 보름달이 조용히 심산에 내려앉는다. 짐승 소리 하나 들리지 않는 적막의 밤, 진짜 속세를 떠났구나.

아름다운 일출이다. 동녘 하늘이 연분홍으로 물든다. 꽃분홍으로 변하더니 붉은 빛이 감돌고 다시 장밋빛이다. 구름의 모양에 따라 금빛 은빛 황홀한 빛의 조화에 감탄이 절로 난다. 법계사의 일출은 황홀하기만 하다. 아침 산책은 범바위로 갔다. 고운 최치원 선생이 수련했다는 문창대 범바위에서 아침 산책을 즐겼다. 법계사로 돌아온 대원들은 점심을 배낭에 넣고 천왕봉을 향해 출발! 오전 10시 45분.

어제의 피곤과 괴로움을 잊은 채 45도가 넘는 가파른 경사 길을 오른다. 숨이 턱에 닿는다. 목구멍은 기차 불통처럼 더운 김을 뿜어낸다. 정상까지 고도 4백 미터, 오르고 또 오른다. 갑자기 짙은 운무가 골짜기를 거슬러 시원스레 불어온다. 이마에 흐른 땀을 깨끗이 씻어준다. 마음까지도 시원하고 후련하다. 이 골짝 저 골짝 아름답지 않는 곳이 없다. 더구나 시원한 운무가 휘감고 지나가니 더욱 신비롭다. 아~ 이 아름다움에 동화되는 인간의 감정이여! 이 신선의 경지를 맛보지 못하고 사라져간 영혼들이여, 대자연의 가르침을 받을지어다. 인간은 산봉(山峰)은 정복할 수 있되 자연 그 자체는 정복할 수 없다. 신출귀몰한 조물주의 아이디어에 우리는 피곤도 목마름도 잊고 흘러가는 경치를 감상하는데 정신이 없다. 선경이란 바로 이런 것이로구나.

정상 아래 바위틈에서 흘러나오는 샘물(천왕샘: 덕천강의 시원)을 시원스레 들이키고는 악착같이 올랐다. 45도가 아니라 엄청난 급경사다. 저기가 정상이다! 저곳에는 기쁨이 있고 행복이 있고, 휴식이 있다. 죽을힘을 다해 올랐더니 죽지는 않고 오히려 살아 생생하더라.

12시 15분. 천왕봉이다~!

아! 눈앞에 정상이 전개되도다. 1,915m의 정상, 험악하기로 이름난 지리산 천왕봉이다. 피곤하고 목마르고 군화의 고통을 참고 견디어 바야흐로 정복의 순간을 맞은 것이다. 우뚝우뚝 선 바위, 어떤 놈은 칼날 같고 어떤 놈은 호박을 닮았고 또 요것은 고구마를 닮고 저것은 나를 닮았구나! 아! 천왕 제일봉이 여긴가 하노라!

대원들은 즐거움과 흥분, 안도와 시원함, 신기함과 정복의 쾌감을 미칠 듯이 부르짖는다. "사람이 제 아니 오르고 뫼만 높다 하더라." 옛 시를 외쳐 대며 흥분의 발작을 억누르지 못한다.

나보다 높은 땅은 없다.

따라서 내가 제일 높다.

오, 정복자의 쾌감이여!

속세와의 이탈이여.

흥분의 용광로여!

위에도 아래도 옆에도 구름 구름이다.

아니, 구름 가운데 내가 있는 거야!

아! 신선들의 세계가 바로 여기로구나!

안개 속 천왕봉 휴식

　모두들 웃옷을 벗어젖힌다. 거센 안개바람이 휘몰아친다. 그러더니 금방 햇살이 퍼져 나온다. 하루에도 12번을 변한다더니 천왕봉의 날씨는 정말 변화무쌍하다. 자— 역사적인 점심 식사다. 소고기 통조림에 무장아찌와 찬밥 한 덩이가 그대로 꿀맛이다.

통천문을 통과 제석봉을 바라보며

세석평전을 달려라

2시 25분. "잘 있거라. 나는 간다~~."

대전 블루스와 함께 출발! 급경사의 바윗길을 마구 뛰었다. 위험천만이다. 통천문을 통과하니 새로운 세계가 열렸다. 쭉쭉 뻗은 전나무가 모양도 씩씩하게 정글을 이룬다. 뛰고 구르고 넘고, 그야말로 정신없이 내닫는다. 죽기 아니면 살기로 오르기만 하다가 내리막길을 만났으니 얼마나 신이 났을까. 45분 강행군에 10분 휴식 정도로 훑어져 내린다. 다음 목적지인 세석평전은 천왕봉으로부터 12km 정도 되지만 손에 잡힐 듯 가까워 보인다. 그러나 아무리 가도 항상 그만치 있다. 가까운 듯 멀다더니 이를 두고 하는 말인가.

5시에 세석평전에 당도했다. 산길 12km를 2시간 30분에 주파했으니 많이 지쳤다. 한없이 뻗고 싶다. 그런데 아무도 없는 산속에서 서울농대 등산팀과 만났다. 반가워서 서로 인사하고 길을 가르쳐준다. 이곳엔 무성한 풀이 무릎까지 오고, 띄엄띄엄 바위들이 흩어져 있을 뿐 문자 그대로 평야다. 짙은 운무가 열 오른 심장을 식혀준다.

다음 우물은 벽소령이란다. 오늘 밤은 중간에 야영을 해야 하므로 물이 문제다. 수통에 물을 가득가득 채우고 또 목구멍까지 꾹꾹 눌러 먹었다.

출발이다!

지리산의 기적, 세석평전에 아쉬움을 남기고 출발! 우리에겐 오직 출발과 강행군뿐이다. 이름 모를 산유화가 아름답다. 세상의 그 어떤 화원보다도 아름답고 신선하다. 우리들의 지친 마음을 달래준다. 거칠면서도 아름다운 칠선봉을 지나서야 겨우 야영할 수 있는 장소를 발견했다. 한 팀은 밥, 한 팀은 나무, 또 한 팀은 텐트, 군대식으로 신속 정확하게 움직였다. 물이 적으니 쌀은 씻을 것도 없이 그대로 밥을 지었다.

모닥불을 피웠다. 이 밤도 달은 둥글게 찾아와서 난무하는 구름과 어울린다. 오! 산상의 밤이여! 세상은 고이 잠들었다. 모닥불을 가운데 두고 이야기의 꽃을 피우는 대원들의 얼굴엔 웃음이 살아난다.

칠선봉 바위가 보인다

　　대장께서 미니 진로 한 병을 내어 모두 한 모금씩 맛을 본다. 술맛이 달착지근하다. 감로수는 신선이 마신다 하는데…. 우리가 바로 신선이로다. 뜻밖에 밤하늘엔 오색찬란한 달무리가 선명하다. 달빛과 운무의 조화로다. 기막힌 아름다움이다. 칠선녀가 운월(雲月)과 함께 춤을 춘다. 내 여기 영원히 살고 싶다. 6명이 판초 텐트 속에서 등과 배를 맞대고 고요히 꿈나라로….

상덕평(선비샘)
세수하고 양치하고

바람이 싸늘한 아침이다. 사랑하는 사람의 손길처럼 햇살은 부드럽고 따스하다. 담요를 둘러쓰고 야릇한 기분에 싸여 앉아 있다. 마치 복 받은 사람처럼 앉아서 아침의 기분을 음미한다. 하룻밤의 단꿈에 미련을 둘 여유가 없다. 물이 없으니 씻지 못한 그릇을 그대로 둘러메고 출발이다. 이슬이 너무 많아 아랫도리는 물론이요 군화 속까지 질퍽하게 물이 고인다. 철벅철벅! 지팡이로 풀잎을 털어가며 전진한다. 목은 마르고 물은 없고, 창자가 비어 있어 뱃가죽이 등에 붙었으나 밥이 없다. 기진맥진 허둥지둥 뛰고 또 달린다. 배낭이 오늘따라 뛸 때마다 뒤통수를 마구 친다. 말을 잃고 침묵 속에 뛰기만 한다. 주위 경치에 정신 쓸 겨를이 없다. 놀란 사슴처럼 그저 앞만 보고 뛰었다. 천신만고 상덕평(지금의 선비샘) 우물에 도착하여 몇 달 만에 처음인 양 세수하고 양치하고 실컷 먹었다.

10시 30분!
옷과 구두를 채 말리지도 못하고 출발이다.

가도 가도 끝없는 산악의 길

목마르고 피곤해도 즐겁고 재미있는 산악의 길

돌부리 가시덤불 고생도 많지만

스쳐가는 경치에 즐겁기만 한 산악의 길

어디서나 푸른 숲이요

폐부를 씻어내는 싱그러운 공기

대자연의 감미로운 사랑을 느끼며 걷는

산악의 길이다.

벽소령 고갯마루

벽소령에서 썩은 나무, 죽은 나무를 주워 점심을 지어 먹었다. 그리고 저녁을 미리
해서 항고에 넣고 해 닿는 곳까지 가기로 했다. 출발하자마자 또 뛰기 시작한다. 그런
데 대장이 넘어져 팔과 다리에 외상을 입었다. 뿐만 아니라 한 대원은 감기 몸살로 허
둥지둥 헛발을 딛고 쓰러진다. 적절한 치료약품이 없으니 더욱 힘내라고만 부탁한다.
그리고 짐을 가볍게 해 줄 뿐이다. 이를 악물고 따랐다. 군인정신이 필요해!

그러다가 딸기골짝을 만났다. 딸기가 너무 탐스러워 대장 명령으로 일제히 배낭을
풀고 딸기 따기에 돌입. 누가 더 큰 것을 더 많이 따먹나 시합이다. 야! 이 딸기 맛을
길이 보존하고 싶다! 2개 넣고 꿀꺽, 3개 넣고 움쭐. 창자는 이미 채워졌는데도 입에
만 넣으면 잘도 넘어간다. 군화와 작업복은 길 없는 산비탈을 타는 데 안성맞춤이다.
그리고 보니 골짜기 전체가 산딸기 밭이다. 밤톨같이 크기도 하다. 오! 어이할꼬! 딸
기 때문에 그 귀한 시간을 1시간이나 소비했으니… 드디어 딸기 금식 결의를 했다.
딸기는 보기만 하고 지나가기… 그림의 떡이 바로 딸기로다. 이렇게 노고단을 향한
강행군은 계속된다.

삼각고지: LMG진지

낙엽송지대

펼쳐지는 산 경치는 백번 보아도 또 보고 싶으니 이를 어쩌나. 우리는 이상한 바위와 나무들에 익숙하여 제멋대로 이름을 붙여보기도 한다. 삼각고지의 기관총 진지에 앉아서 군인 실력을 털어놓기도 한다. 이 근처에선 서구의 밀림처럼 곧은 나무의 숲(낙엽송)을 지나기도 하고, 잘 가꾸어진 소나무 정원도 지난다. 어느덧 저녁노을이 붉게 피어오른다. 워낙 험악한 등산로인지라 텐트 자리도 좋은 곳이 없다. 당황하여 어느 비탈에 여장을 풀었다. 된장국을 끓이고 식은 밥과 같이 먹었지만 물이 부족하여 목마름은 어쩔 수 없다. 하얀 구름 덩어리가 저녁 산책을 하나 보다. 바닷속 잠수함처럼 산마루를 서서히 넘어가는 모습이 참으로 신기하다. 인간의 세계와 동떨어진 깊은 산속의 적막이 묘하게 느껴진다. 무더운 8월인데도 긴소매 내의와 담요를 두르고도 춥다. 무거운 적막과 소름 끼치는 어둠을 되새기면서 내일을 위해 우선 자야겠다.

구원의 임걸령 샘

아래위로 밀착된 눈꺼풀은 좀처럼 떨어지질 않는다. 6시 10분. 우리는 행로에 올랐다. 오늘은 화엄사를 거쳐 구례까지 가야 했다. 물도 없다. 아침이슬 때문에 바짓가랑이는 물론 군화 속까지 물이 들어와 도저히 행군할 수가 없다. 개나리꽃 만발한 어느 지점에서 옷과 양말을 벗어 짜고 다시 걸었다. 반야봉을 포기하고 우리는 분명치 못한 산길을 의심스러워하며 걸었다. 10시 30분! 드디어 임걸령 샘이다. 아! 4시간 반의 식전 행군의 고통이여! 사기의 저하여! 만약 이 지경에서 길을 잘못 든다면 무슨 일이 일어날지 모른다. 모두들 안도의 숨을 내쉰다. 여기서 처음으로 나무꾼을 만나서 산길 소식을 듣고 아침 겸 점심을 지어 먹었다. 그리고는 이 구원의 임걸령 샘을 떠났다.

이젠 다 왔다는 안심이 들자 긴장이 풀렸다. 너무나 피곤하고 힘이 없어 이젠 걸음걸이가 휘청거린다. 그야말로 기진맥진이다. 노고단이 가깝다 하나, 가도 가도 또 남았다. 낙오자가 생기면 어떻게 하나. 서로 부추기며 걸었다. 그러나 우리들의 발걸음은 점점 더 무거워져만 갔다.

노고단 고개

야생화가 만발한 노고단 사면(지금의 노고단 산장 자리)

그러나 승리의 여신은 우리에게!

노고단은 야생화가 만발한 모습으로 우리를 맞았다. 오, 그 감격 잊지 못하리라. 굽이굽이 밟아온 능선을 뒤돌아보니 눈시울이 뜨거워진다. 감격 또 감격이다.

자연은 인간에게 무엇을 가르치느냐.

자연이 품고 있는 웅장하고 너그럽고 아름답고 향기로운….

그러면서도 빈틈없이 조화된 거룩한 〈얼〉을 우리는 무엇으로 보답해야 할까.

자연에서 태어나

자연으로 돌아가는

인간은 역시 행복하지 않는가.

오!

무디고 완고한 속세의 군상들이여

자연으로 돌아가 더불어 즐기고 노래할지어다.

우리는 다시 화엄사까지 10여 km를 걸어 내려오느라 기진맥진했다. 그러고서도 화엄사 경내를 구경하고, 통술집에 들러 막걸리로 성공적인 완주를 자축했다. 생사고락을 같이한 우정을 되새기면서 노랫가락으로 흥을 돋우며 구례까지 걸었다. 속세는 깜깜한 밤이었다. 4일간의 지리산 종주 산행은 이렇게 끝을 내렸다.

자연은 언제나 우리를 부르며 우리를 환영한다.

온갖 괴로움과 고통을 받고도

나는 다시금 그 자연의 품속이 그립다.

그리워 못 견딜 지경이다.

앞만 보고 뛰느라 경치 구경을 제대로 못 했으니

한 번 더, 뛰지 않고 여유 있게 지리산을 종주하리라, 꼭!!

다짐했다.

(1964년 7월 23~26일, 첫 번째 지리산 종주)

통술집 앞(쫑파티)

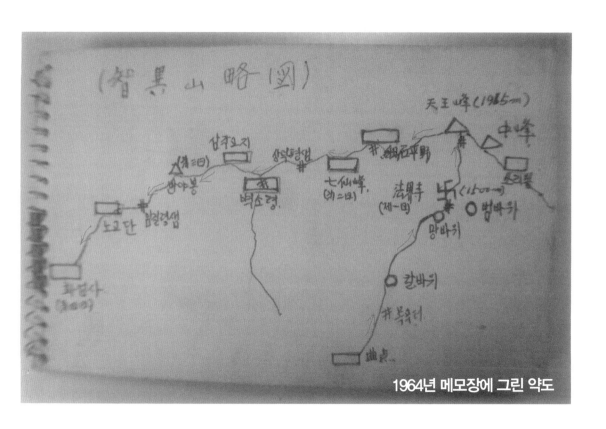

1964년 메모장에 그린 약도

03 그 세월 27년

차분하던 날씨가 돌변한다.

버너의 바람막이가 코펠과 부딪쳐 요란한 소리를 내며 날아가고, 등산객의 모자가 공중 잡이를 한다. 코펠이 넘어질까 봐 모두가 안간힘을 쓴다. 이게 무슨 날벼락인가. 갑작스러운 강풍과 추위에 취사장은 아수라장이다. 파카를 껴입는가 하면 시린 손을 호호 불며 안절부절못한다.

노고단 산장의 아침 풍경이다. 산장 주위에서 산행 준비를 하고 있던 등산객들은 뜻하지 않은 추위와 강풍에 어쩔 줄 모른다. 추석이 엊그젠데, 웬 날벼락인가. 가까스로 라면 하나를 끓여 먹고 아내와 함께 산장을 출발한다. 노고단 고개에 올라 한 바퀴 휙 둘러보며 마음의 준비를 한다. 방향 표지판에는 천왕봉이라는 화살표가 뚜렷하게 달려 있다. 우리는 그 아래서 사진 한 장 남기고, 초행이지만 익숙한 듯 종주 길로 성큼 들어선다.

산허리를 돌아 등성이에 오르니 찬바람은 간데없고, 어느덧 아침 햇살이 아장아장 따스하다. 더구나 단풍이 아름다운 데다 들국화가 흐드러지게 피어 있어 금세 긴장이 풀리고 생기가 돈다. 끝없이 펼쳐진 골짜기에는 하얀 운무가 찰랑찰랑…. 햇빛이 그 위에 반사되니 얼마나 신비로운가. 마치 태고를 감추고 있는 심연(深淵) 같기도 하다. 이렇게 호화로운 장면을 첫날부터 보게 되리라고는 생각지도 못했다. 아, 얼마나 보고 싶었던 지리산의 아름다움인가.

나는 1964년에 천왕봉에서부터 노고단으로 종주한 적이 있었다. 그때 산세와 정취에 매료되어 꼭 다시 한 번 종주하겠노라 다짐했었다. 그러나 3차례의 천왕봉 등정은 했지만, 종주의 기회는 진정 갖지 못했다.

임걸령 샘 너른 바위

삶이 각박한 탓인지 맴도는 약국 생활에 좀처럼 기회를 잡지 못하고 오늘까지 살아왔다. 그 세월이 27년. 우리 부부는 얼마나 큰 용기와 기대로서 이번 산행을 계획했던가.

남원에서 밤을 보내고 택시로 새벽을 뚫고 성삼재에 올랐다. 노고단 산장에서 갑작스러운 기상 변화를 맞아 황당하더니, 이제 평온을 회복하면서 즐거운 산행이 되었다. 하늘을 나는 가랑잎처럼 마음도 가볍고 발걸음도 경쾌하다. 27년 전 거꾸로 한 번 종주했을 뿐인데도 마치 낯익은 길처럼 느껴진다. 뒷동산 같이 아늑한 돼지평전을 지나 임걸령 샘에 닿는다. 반석이 꽤 넓은 이곳에는 벌써 울긋불긋 등산객들이 꽃밭을 이루고 있다. 여유롭게 휴식하면서 생수를 다시 넣는다. 반야봉으로 오르는 길목인 노루목에 당도하니 젊은이가 차(茶)를 팔고 있다. 해발 1,500m인 이곳까지 재료를 운반해왔으니, 그 정성이 남다르지 않은가. 당귀차 한 잔씩을 마시고는 삼도봉에 오른다. 전라남북도와 경상남도를 경계 짓는 삼도봉은 풍치가 뛰어나다. 몸도 마음도 상쾌하다. 오늘 점심은 집에서부터 가지고 온 찰밥인데, 바로 꿀맛이다. 아내와 둘이서 따스한 태양 아래 3도를 내려다보며 오순도순 먹는 주먹밥이야말로 즐거움 그 자체다.

그런데 아직도 배낭이 엄청 무겁다. 오늘 아침, 성삼재에서 노고단 산장에 오를 때에는 배낭이 너무 무거워 정말 혼났다. 코펠 버너는 물론 쌀과 꽁치통조림을 비롯하여 배, 사과 등 과일도 다양하게 준비했다. 더구나 산장에 대한 정보가 없어 침낭과 층층이 겨울옷, 가스가 떨어지면 큰일 날세라 몇 개를 넣었다. 그 무게가 실로 쌀가마니를 진 것 같더라. 무게에 질려서 오늘은 쉴 때마다 깎아 먹는다. 특히 무거운 배와 사과…. 내일은 삼수갑산을 가더라도 오늘은 가벼워야 했다.

토끼봉에 오르니 지리산의 웅장함을 새삼 느낀다. 남으로 아득히 노고단의 제단이 아물거리고 북으로는 세석평전과 천왕봉이 솟아 있다. 또한 아스라이 내려앉은 남동쪽은 멀리 남해 바다가 햇빛에 반사된다. 이 높고 넓음이 얼마나 통쾌한가. 천왕봉에서부터 줄기줄기 달려내려 노고단까지 이어지는 장장 백리 길의 산세를 한 눈에 조망한다는 것은 지리산 종주가 아니면 맛볼 수 없는 장관이다.

총각 샘을 거쳐 지친 다리를 끌고 간신히 오늘의 숙박지인 연하천 산장에 이른다. 밤이 되니 기온이 급강하하여, 주행할 때 벗은 스웨터며 파카를 다시 꺼내 입는다. 연하천 산장은 울울창창 숲속이다. 날씨가 추운데도 텐트를 치는 젊은이들이 의외로 많다. 뜰 안에 가득한 수십 개의 텐트에서는 이야기 소리와 더불어 노랫소리도 들린다. 가곡을 부르는가 하면 어떤 텐트에서는 기타를 치면서 합창을 하고 또 다른 곳에서는 쓸쓸히 하모니카를 분다. 연하천 산장의 밤은 참 별천지의 분위기다. 별은 더욱 밝게 빛나고 나는 그 빛 속으로 빨려 들어간다. 우주 속에 내가 있고 심심산중에 내가 있다. 온갖 번뇌 사라지고 비단결 같은 어둠이 가슴을 포근하게 한다. 이렇게 산장의 밤은 깊어만 간다.

우리는 가능한 이른 아침부터 산행을 시작했다. 초행인 데다 산행 속도가 제법 느리다고 생각하기 때문이다. 마음껏 구경하고 사진 찍고 쉬고 주전부리하고 만수판이다. 그동안 국내의 산들을 많이도 올랐다. 지도만 보고 60여 개를 찾아 올랐으니 지리산 종주에 대한 자신감도 충분했다.

울긋불긋 단풍이 물든 산등성이는 아침 햇빛에 새롭게 빛나고, 신선하고 향기로운 심산의 공기는 폐부에 새로운 기(氣)를 넣어준다. 기분 좋은 아침이다. 발걸음도 가볍게 형제봉을 넘어서는데, 계곡마다 넘실거리는 아침 안개의 신비를 다시 보게 된다. 안개 속에서 어슴푸레 내미는 수많은 봉오리들의 모습은 한 폭의 멋진 동양화다.

해맑은 태양의 영접을 받으며 벽소령에 닿으니 한층 기온이 온화하다. 벽소령은 구례와 마천을 넘나드는 고갯길인데, 화장실이며 쓰레기 처리장이 마련되어 있다. 이번 종주를 하다 보니 쉬어 갈 만한 장소에는 빠짐없이 쓰레기용 마대가 설치되어 있었는데, 배낭이 무거워 고통 받는 나에겐 아주 고마운 일이었다. 수거된 쓰레기는 헬리콥터로 하산시킨다고 한다.

선비 샘에 도착하니 샘물이 펑펑 쏟아진다. 높은 산등성인데 샘물의 양이 이렇게 많을 수가 있을까. 세수하고 밥 짓고 수백 명이 동시에 사용해도 문제가 없을 듯하다. 우리도 이곳에서 이르지만 점심을 지어 먹고 저 유명한 세석평전을 향하여 발길을 재촉한다.

지리산 종주를 할 때는 자기들의 주행 능력을 판단하여 산장을 선택해야 한다. 또한 점심 먹는 장소며 메뉴도 사전에 계획을 세워야 한다. 가능하면 배낭의 무게를 줄이며, 물의 수급에 신경을 써야 하기 때문이다. 지리산 종주 코스에는 노고단 산장을 비롯하여 뱀사골, 연하천, 세석, 장터목 등 5개의 산장이 있고, 샘으로는 산장을 제외하고 임걸령, 총각, 선비, 산희, 천왕 등의 샘이 있는데, 이를 적절히 이용하지 못하면 뜻하지 않은 고생을 할 수도 있다. 그중에도 총각 샘 같은 것은 물이 마를 때가 있으니 일단 제외하는 것이 좋다.

그래도 얼마나 편리해졌는지 모른다. 27년 전만 해도 산장은 물론 표지판 하나 없

벽소령에서

었다. 물어볼 사람이 있는 것도 아니고, 등산로도 분명치 않아 자칫하면 조난당할 수밖에 없었다. 아침 행군 땐 풀숲의 이슬로 군화 속이 온통 물 범벅이 되었다. 그때 비하면 지금은 안전한 고속도로와 같지 않은가.

세석평전 길목인 칠선봉(七仙峰)을 넘나들 땐 그 호젓한 분위기가 좋았다. 아담한 봉우리 하나를 서울에 떼어놓는다면 얼마나 인기가 있을까. 빤히 올려다 보이는 세석이 그렇게도 멀 줄이야. 잡힐 듯 잡힐 듯 도망가는 세석을 따라잡는 데 기진맥진한다. 세석평전(細石平田)은 완만한 산비탈이 넓게 펼쳐져 있는데 그 가운데쯤 세석 산장이 자리하고 있다. 덕산의 거림이 골을 통하여 물자를 공급받는다고 하는데, 맥주와 오징어포 그리고 과자 종류를 사서 배낭에 넣고 길을 재촉한다. 오늘은 장터목 산장까지 가야 하는데 시간이 넉넉지 못하다. 산장에서 촛대봉까지 빤히 올려다 보이는 그 길이 얼마나 먼지…. 산을 며칠 탔다고 내가 간이 커졌나 보다. 재촉하는 아내를 간신히 설득하여 촛대바위에 기어올라 맥주와 오징어포로 파티를 하며 기분을 냈다.

촛대봉에서 장터목에 이르는 연하봉 코스는 칠선봉보다 더 운치도 있고 전망도 좋

연하봉을 넘어가며 - 선셋

다. 전망으로 말하면 덕산과 진주까지 확실하게 볼 수 있으며, 운치로 말하면 천왕봉과 촛대봉을 숨바꼭질하면서 아기자기한 산세를 오르락내리락 하는데, 최고의 풍치다. 의외로 시간이 오래 걸려 연하봉 언저리에서 일몰(日沒)을 보게 되었다. 검붉게 타오르는 석양을 배경으로 가마솥 뚜껑보다 더 큰 태양이 서쪽 하늘에 걸린다. 정말 멋지다. 아폴론과 아르테미스가 주고받는 이 신비로운 우주 쇼를 보면서 감탄하지 않을 수 있으리오. 오- 사라져가는 태양의 처절함이여, 슬픈 아름다움이여! 사진 몇 판 찍으려는데 어느새 넘어가버린다.

태양이 져버리니 바로 어둠이 엄습해왔다. 아내까지 동행했으니 마음은 급하다. 혹시 동행할 사람이라도 있는지 찾아보았지만 아무도 없다. 플래시를 켜고 부지런히 걸어서 결국 장터목 산장에 도착한다. 산장 마당에 들어서는데 연하천 산장에서 같이 얼굴을 익혔던 학생들이 줄줄이 나와서 환영해준다. 우리 부부의 안전이 궁금했던 모양이다. 고맙기도 해라. 오늘 밤도 어둠과 적막의 장터목 산장엔 별들의 요란한 불꽃놀이가 시작된다.

천왕봉아 우리가 왔다

다음 날 새벽.

칠흑같이 어두운 바윗길을 전등 하나 켜 들고 잘도 오른다. 일출을 보기 위한 6km의 야간 등반이다. 배낭을 산장에 벗어두고 가벼운 차림으로 나섰다. 파카의 깃을 세우고 앞서거니 뒤서거니 하면서 앞 사람만 따라간다. 고사목 지대를 지나 통천문을 통과하니 드디어 천왕봉이다. 휘몰아치는 세찬 바람에 제대로 몸을 가누지 못할 지경이다. 바람은 불어도 태양은 뜨나 보다. 3대를 덕을 쌓아야 본다는 지리산 천왕봉 일출이 아닌가. 우리는 과연 볼 수 있을 것인가! 동녘은 태양을 잉태하는 생명의 기(氣)로 충만하다. 천지가 장밋빛으로 물든다. 장밋빛은 다시 강렬한 백열(白熱)로 바뀌면서 더욱 응축된 기로 변한다. 그 가운데 하얀 빛이 반짝인다. 태양은 이렇게 솟아오른다. 그 첫 빛이 만천하의 어둠을 가른다. 빛과 어둠이 거기에 있었다. 수탉이 울지 않아도 해는 떴고, 동아줄을 당기지 않아도 태양은 솟았다. 사람들은 일제히 박수를 쳤다. 그리고 고함과 탄성을 지르더니 결국 애국가를 합창한다. 동해물과 지리산이 마

'91 10 8

천왕봉 일출의 광휘

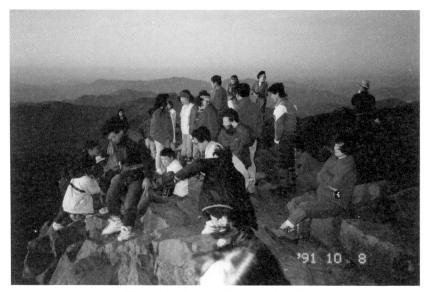
일출의 흥분 속에 쉬 자리를 뜨지 못한다

르고 닳도록…. 이렇게 해서 최초의 천왕봉 일출을 만끽했다. 얼마나 짜릿한 순간인가.

하얀 안개구름이 서서히 산등성이를 타고 넘는다. 멋지고 신기하다. 그리고 눈이 닿는 곳은 전부 아침 안개로 가득하다. 솜털처럼 부드럽고 바다처럼 출렁인다. 이렇게 지리산의 신비로움은 끝이 없더라. 태양이 솟고 나니 모두들 얼굴이 밝고 행복해 보인다. 우리도 행복에 젖는다.

하산은 장터목으로 되돌아와 아침을 지어 먹고, 한 됫박이나 되는 남는 쌀을 산장에 넘겨주고 백무동으로 하산 길을 잡았다. 지루한 백무동 길….

(1991년 10월, 두 번째 지리산 종주)

〈참고〉
거리의 개념이 지금과 사뭇 다르다. 계단이나 데크도 전혀 없었거니와 지리산 주 능선을 보통 백 리라 했고 장터목에서 천왕봉까지의 거리를 6km라 했다. 지금은 1.7km!

하산길 백무동 코스

04 임걸령 샘

반야봉 기슭
쪼록 쪼록 쪼르륵 졸졸
고요한 숲속에 생명의 속삭임 들리네

신록 빛 샘물이 바위를 비집고 솟아나네
흐르는 소리가 저리 어찌 영롱한고
물참대 하얀 꽃
이슬 머금은 듯 싱그럽고
미나리아재비 노랑꽃
황금색으로 빛난다
휘파람새가 아침마다 목을 축이더니
음색이 낭랑하고
팔색조가 몸을 적시곤 하더니
깃털이 저리 곱다

소문 듣고 찾아온 솔개 한 마리
푸른 하늘 선회하며 군침을 삼키네

(2017년 6월, 열세 번째 지리산 종주)

모티브: 임걸령 샘은 지리산 종주의 스낵이다. 없어도 되지만 있는 게 훨씬 좋기 때문이다. 이로부터 연하천 산장까지는 샘이 없다. 그래서 아주 중요하지만 노고단 산장에서 4km밖에 되지 않으니 스낵이 되었다. 해발 1,320m에서 사시사철 물이 마르지 아니하니 산객들뿐 아니라 새들의 목마름까지 해결해준다. 반야의 정신세계와 같다.

임걸령 샘

05 석류알 같은 칠선계곡

이마의 땀을 훔치며 바위에 걸터앉아 한숨을 돌린다.

가만히 하늘을 본다. 파란 하늘은 속살같이 부드럽다. 어디선가 가랑잎 하나 휭~하니 날아올라 파도에 일렁이는 돛단배처럼 넘실넘실 춤춘다. 예쁜 종이비행기 되어 개울물 작은 웅덩이에 사뿐히 내려앉는다. 물 위를 한 바퀴 핑그르르 도는 듯하더니, 어느새 넘치는 물결 따라 아래로 곤두박질한다. 바위틈 사이로 졸졸 흐르는 오솔길 흐름 따라 바쁘게 내려간다. 바위 끝에 얹혀서 멈추는 듯하더니, 잔물결에 떠밀려 다시 굴러 떨어진다. 바위틈에 처박히듯 물살에 찢기듯 수난을 당하지만 쭈그러진 가랑잎은 상처 하나 입지 않고 아래 웅덩이로 떠내려간다. 그리고 물 위에 동실동실 떠서 팔베개 베고 누워 푸른 하늘 쳐다보며 콧노래를 부른다.

맞다 맞아, 바로 그거야! 산행을 하는 것이 힘들고 괴롭지만 역시 콧노래를 부르며 즐겁게 해야지. 배낭을 둘러메고 험준한 계곡 길을 내려가며 나도 콧노래를 흥얼거려본다.

지난밤을 장터목 산장에서 자고 천왕봉 일출을 보기 위해 새벽 4시에 일어나 야간산행을 감행했다. 칠흑같이 어두운 밤 가파른 바윗길을 기어올라 고사목 지대를 지나 발길을 재촉했다. 통천문을 올라서니 눈앞이 천왕봉이라.

멀리 노고단으로부터 백여 리를 종주하여 3일 만에 드디어 천왕상봉에 오른다. 천지는 아직 어둠 속에 고요하다. 새벽의 여신 에오스는 벌써 일어나 동녘 하늘에 장미꽃을 뿌려댄다. 솜털 같은 하얀 구름은 나는 양탄자처럼 산허리를 감싸 흐른다. 원색의 남녀 등산객들은 정상을 가득 메웠다. 태양의 그 첫 빛이 우리의 눈을 비출 때 저마다 감격하여 탄성을 지른다. 손뼉을 치며 만세도 부른다. 그들의 눈동자는 더욱 빛나고, 두 볼은 뜨겁게 달아오른다. 태양은 솟았으나 휘몰아치는 바람과 추위에도 아

천왕봉 일출

랑곳 않고 좀처럼 자리를 뜰 줄 모른다. 그들은 오늘의 감격과 아쉬움을 영원히 잊지 못하여 다시 또 천왕봉을 찾게 되겠지.

하산 길은 칠선계곡으로 잡았다. 추성동을 거쳐 마천으로 빠지는 길인데, 중산리 계곡과 반대쪽으로 정상에서 바로 내려간다. 지리산 계곡 중 가장 긴 장장 12km다. 처음부터 급경사다. 나무나 바위를 잡지 않고서는 내려갈 수 없을 정도로 경사가 급한 바위 벼랑이 끝없이 이어진다. 그래도 살아 천년 주목나무가 눈요기를 해준다. 두어 시간을 내려오고서야 급경사는 끝나고 완만한 능선이 나타난다. 어디선가 물 흐르는 소리가 귓전에 아른거린다. 물소리에 마음의 여유를 찾으니 단풍이 더욱 아름답게 느껴진다. 등산로를 가로막고 쓰러진 큰 고목나무를 타고 놀기도 하고, 풍설에 뒤틀린 아름드리 주목 나무를 어루만지며 심산의 정취에 흠뻑 젖는다. 이렇게 또 얼마를 내려가니 갑자기 우렁찬 폭포 소리가 들리더니 전망이 확 열리면서 아찔하게 깊은 바위 계곡이 전개된다. 천왕봉 바로 코밑에 기적처럼 나타난 이 폭포엔 '마 폭포'라는 안

새벽빛을 받는 천왕봉에서

내판이 세워져 있다. 며칠 동안 산을 타면서 처음 보는 폭포인지라 모두들 좋아서 환성을 지르니, 새로운 기운이 솟아난다.

　해발이 높으니 밥물은 좀 넉넉하게 붓고, 코펠 뚜껑 위에 큰 돌멩이 하나 얹어서 압력을 높여준다. 그리고 멸치볶음, 김치와 콩장에 무말랭이까지, 남은 반찬은 전부 끄집어내어놓고, 익살과 웃음으로 최후의 만찬을 즐긴다.

　배낭을 메어보니 한결 가볍다. 깊은 협곡 아래로 흘러내린 경사면을 조심스레 내려간다. 벼랑 아래에서 올려다보니, 폭포에서 넘쳐흐르는 물줄기가 바위벼랑을 타고 흐른다. 바위의 표면에는 곳곳에 웅덩이가 있어 흐르는 물이 모이고 또 모였다가 다시 흐른다. 그 흐름의 유희를 보면서 칠선의 아름다움에 감탄한다. 개울을 사이에 두고 이쪽저쪽 산비탈을 오가며 산길은 이어진다. 개울을 건널 때는 바위를 건너뛰느라 이리 팔딱 저리 펄쩍 하며 뛰는 듯 가고 가는 듯 멈추니, 마치 토끼와 사슴이 뛰노는 것 같더라.

이렇게 얼마를 내려오니 등줄기에 땀이 흐른다. 나는 개울가 풍치 좋은 곳을 골라 윗옷을 벗어 던졌다. 그리고 양손을 바위에 짚고 엉덩이를 치켜들어 땀에 젖은 머리를 흐르는 물속에 집어넣는다. 머리뿐 아니라 전신이 짜릿하고 시원하다. 며칠 동안 산행을 하느라 얼마나 많은 땀을 흘렸고 찌꺼기는 또 얼마나 끼었을까. 이 맑은 물에 내 몸에 있는 찌꺼기는 남김없이 흘려보내자. 그리고 내 가슴속에 덕지덕지 엉켜 붙은 삶의 찌꺼기와 탐욕의 잔해들도 깨끗이 띄워 보내리라 하고 물속에서 머리를 흔들곤 한다. 땀내 나는 수건을 헹구어 머리를 털며 큰 바위에 다리 뻗고 앉으니, 나는 듯 상쾌하다. 이 맛을 어찌 잊을 수 있으랴.

이때 바위 사이를 비집고 쫄랑쫄랑 흐르는 물소리가 유난히 영롱하게 들려온다. 비단 위를 구르는 옥구슬이 서로 부딪치는 소리 같기도 하고, 맑고 감미로운 물새 소리 같기도 하다. 바로 이 물이 생명력 넘치는 감로수가 아니냐. 나는 산행을 하는 동안 가급적 많은 산수(山水)를 마셨다. 이 신선한 물이 나의 혈관과 세포 구석구석에 고여 있는 어수(瘀水)를 말끔히 씻어내고, 신성한 생명력을 넘치도록 채워야 하지 않겠는가.

가냘프면서도 우아하게 느껴지는 대륭 폭포를 지나, 내려갈수록 수량(水量)이 많아져서 칠선 폭포에서는 우렁찬 폭포 음과 함께 물안개도 피어오른다. 이때쯤에는 단풍이 절정을 이루어 완전히 단풍 속에 파묻혀 계곡을 따라 내려간다.

칠선계곡의 단풍은 참나무 느티나무 철쭉 맹감넝쿨 등의 퇴색된 갈색이 바탕을 이루고, 바위틈의 돌단풍이 운치를 더해준다. 단풍나무, 개옻나무 잎의 붉은 색에 소나무, 주목나무의 싱싱한 푸른색이 수를 놓으니, 이 아름다운 색의 조화에 뉘 아니 감탄하랴. 나는 빨간 단풍가지 하나 꺾어 머리띠에 꽂고서 껑충껑충 뛰어본다. 산비탈과 개울을 휩쓸고 내달리니 단풍잎이 나풀나풀 더욱 신바람이 나더라.

우렁찬 칠선 폭포 아래서

세월은

푸른 잎을 울긋불긋 단풍으로 물들게 하고,

단풍잎은

낙엽 되어 하늘을 나른다

내 마음

낙엽 따라 훨훨

석류알처럼 알알이 박힌 하얀 바위계곡을

하염없이 흘러간다.

고요히 흐르는 비선담(秘仙潭) 맑은 물에

빨간 단풍잎 그림자 되어 아른거리고

가랑잎 한두 잎

가만히 물 위를 흐르니

차가운 바위 그림자 더욱 애절하구나.

봄꽃이 아름답고 향기로워 좋다지만, 향기 없는 가을 단풍은 꾸밈없고 순수해서 좋다. 여름 꽃이 사랑과 흥겨움을 느끼게 해준다지만 즉흥적이요 말초적인 반면, 꺼져가는 생명의 허울인 가을 단풍은 가슴 깊이 우러나오는 진실한 사랑과 희열을 느끼게 한다. 생명의 황혼에 물드는 가을 단풍은 슬프고 절규하는 아름다움이기에 나의 가슴을 더욱 끈끈하게 적셔주는지도 모른다.

옥녀탕과 선녀탕을 지날 때만 해도 이미 하산 길이 완만하다. 이제 입에서 토해내는 거친 숨소리는 사라지고 노랫가락이 슬슬 흘러나온다. 〈한오백년〉도 좋고 〈바우고개〉도 좋지만 가을 풍치로 흠뻑 젖은 이런 곳에선 〈아! 가을인가〉가 제일 좋다. 필설로 다 할 수 없는 아름다운 풍경과 감격을 어찌 한마디의 노래로 표현할 수 있으랴. 그러나 〈아! 가을인가〉 속에는 가을의 정취와 감정 그리고 표현 욕구까지 함축하고 있지 않은가. 고저장단(高低長短)은 아무래도 좋다. 아랫배에 힘을 주고 가슴이 터지도록 "아~"를 외쳐본다. 그 소리가 계곡을 거슬러 천왕봉에 들리리라. 또 그 음파에 오색 단풍잎이 우수수 떨어지고, 선녀탕 고요한 물에 잔물결이 일어나리라. 이렇게 너도 나도 〈아! 가을인가〉를 열창하니, 오르페우스가 리라를 연주하듯 나뭇가지는 신이 나서 잎을 흔들고, 계곡의 흰 바위는 즐거워서 함박웃음을 웃는다. 이렇게 아름다운 칠선계곡에 때 아닌 메아리가 울려 퍼지니 과연 대자연의 대합주(大合奏)로다.

야산 기슭에 자생하는 밤나무 개암나무 털어먹고 머루다래 넝쿨 찾아 노닥거리다가 계곡을 가로지른 구름다리 건너니 그것이 칠선계곡과의 이별이더라.

수많은 담소와 폭포 그리고 하얀 바위가 잘 어우러진 칠선계곡, 아름다운 단풍의 물
결 위에 파-란 하늘이 여백을 채워주는 칠선계곡! 우리는 다람쥐처럼 뛰고 나비처럼
날면서 매미처럼 노래했다. 몸은 비록 좁은 계곡을 비집고 내려왔지만 마음은 대양을
넘나들 듯 탁 트인다. 이 또한 칠선계곡이 무아도취(無我倒醉) 선경이기 때문이로다.

두지골에서 작설차 한잔의 여흥을 즐기면서 추성동에 닿으니
들에 쌓아둔 볏 더미 풍요롭고,
감나무에 주렁주렁 빨간 홍시가 탐스럽다.
주막집 평상 위에 둘러앉아 서로를 쳐다보니 모두가 지친 얼굴이다.
그러나 한잔의 막걸리, 도토리묵 한 점에
하늘 땅 삼라만상이 나를 위해 존재하더라.

(1993년 10월, 세 번째 지리산 종주–서울 강동구 약사님들과 함께했다)

덕평봉 전망대에
선 필자

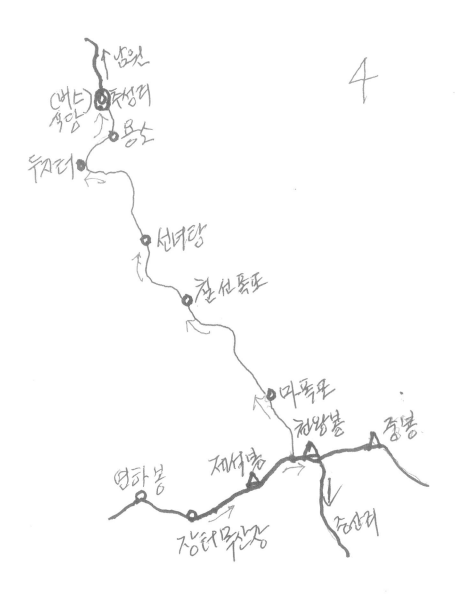

06 주목(朱木)과 구상나무

사람은 감정의 동물이다.

사람이 사람을 사랑하거나 미워하는 감정은 어떻게 보면 당연한 것인지도 모른다. 그러나 자연을 사랑함에 어찌 애증이 있을 수 있으랴. 산 좋고, 물 좋고, 구름 좋고, 심지어 길섶의 풀꽃마저도 좋은데….

등산을 하다 보면 가끔씩 구상나무를 본다. 크리스마스트리로 쓰이는 침엽수와 비슷하게 생겼는데 그 잎이 언뜻 주목(朱木)과 흡사하다. 주목인 줄 알고 가까이 다가갔다가 실망하고 돌아선 적이 한두 번이 아니다. 구상나무는 지리산이나 한라산과 같은 고산지대에 자생하는 우리나라 고유의 품종이다. 그렇게 귀한 나무를 내가 왜 미워하게 되었을까? 이는 순전히 주목 때문이다. 그러나 주목인들 특별히 좋아할 이유가 있는 것은 아니다. 다만 정원수로 유명할 뿐 아니라 홍갈색의 부드러운 수피(樹皮)가 마음에 들고 또 겨울에 태백산이나 덕유산에 올라보면 하얀 눈을 뒤집어쓰고 있는 주목은 정말 아름답다. 그것이 전부이다. 특별히 형이상학(形而上學)적인 감정을 가진 것은 더욱 아니다.

얼마 전 스쿠버다이버 멤버들과 함

삼신봉에 있는 주목

께 부부 동반 지리산 종주 산행을 하고 있었다. 노고단으로부터 천왕봉까지 40km의 능선을 종주하는 것이다. 삼도(三道)봉에 올라 크게 한 번 포효하고 연하천 산장을 향하여 토끼봉을 넘을 때의 일이다. 배낭이 무거운 데다 날씨마저 무더워 기진맥진했다. 땀은 비 오듯 하고, 아무리 물을 마셔도 입은 메말랐다. 마침 큰 고목이 쓰러져 등산로를 가로막고 있었다. 나무를 넘으려는 순간, 아내와 함께 이 나무를 타고 놀던 기억이 떠올랐다. 12년 전 일이다. 우리는 그때의 추억을 되살려놓고 어린아이처럼 즐거워했다. 그런데 우연히 그 앞에 떡 버티고 선 구상나무 한 그루가 눈에 들어왔다. 아름보다 큰 둥치가 튼튼한 뿌리를 땅에 박고 기세 좋게 뻗어 올랐다. 옆으로 쭉쭉 뻗은 가지는 우직하고 무성하다. 얼마나 당당한가! 마치 천하장사가 씨름판에서 포효하는 웅력(雄力)과 같다. 그렇다. 저 힘이 바로 지리산의 기(氣)다!

나는 지리산 자락에서 태어났다. 그래서 지인들로부터 지리산 정기로 태어났다는 얘기를 가끔씩 듣곤 한다. 물론 우스갯소리겠지만…. 여하튼 지리산의 정기에 대하여 약간 궁금해하고 있었다. 그런데 지리산의 기를 이 구상나무에서 발견한 것이다.

그로부터 구상나무를 볼 때마다 반가운 눈인사를 했다. 비록 나무껍질이 거칠고 이끼가 덕지덕지 엉겨 붙어 거칠긴 하지만 그 기를 사랑하기 때문이다. 그렇다. 사람이 어떻게 자연을 편애할 수 있단 말인가. 하찮은 풀뿌리나 돌멩이 하나도 우주의 섭리에 의하여 태어나는 것인데….

벽소령 산장에서 따뜻한 하룻밤을 보냈다. 다음 날 선비 샘에서 물을 채우고, 산세가 아름다워 선녀들이 놀고 간다는 칠선봉을 오르내린다. 만산홍엽이라더니 천하가 아름답게 물들었다. 사람은 늙고 병들면 슬프고 추한 법인데, 시드는 저 단풍은 어찌 저리도 아름다운가.

세석평전(細石平田)을 뒤로하고 연하봉을 돌아드니 마천과 덕산이 동서로 숨바꼭질한다. 동에서 부는 바람, 고향 바람이 더욱 정겹다. 그 바람 뺨을 스치니 흐르는 땀이 멈추고 몸에는 생기가 돈다. 장터목 산장에 숙박을 요청하니 자리가 없다고 한다.

일출봉 장터목 사이

　예약제를 시행한다고 하더니 갑자기 사람 난감하게 만드네…. 이미 지쳐 있는데 예약제가 문제로다. 도리 없이 일행은 치밭목 산장으로 가기로 했다. 정상을 넘어 중봉 써리봉까지 넘어야 하는데….

　무거운 다리를 끌며 천신만고 정상에 올랐다. 1,915m, 지리산 천왕봉! 내 생애 여덟 번째의 등정이요, 다섯 번째의 종주다. 정상에는 타원형의 바윗돌 하나가 세워져 있는데, 거기에는 '韓國人의 氣象 여기에서 發源되다.'라는 글귀가 음각되어 있다. 정상 일대는 거대한 바윗덩이다. 지리산의 기(氣)가 마치 피뢰침처럼 치솟는 곳이다. 온몸에는 힘이 솟고 포효가 터져 나온다. 하늘을 향해 목이 터져라 고함친다. 이는 틀림없는 지리산의 정기일 것이다.

　시간이 급하다. 치밭목 산장까지는 아직도 갈 길이 멀다. 급경사를 수백 미터를 내려와 다시 오르니 중봉이다. 지친 몸으로 제대로 쉬지도 못하고 다시 써리봉으로 방향을 트는데 벌써 해가 뉘엿뉘엿 서산에 걸린다. 써−리라더니 정말 수도 없이 오르내린다. 숲 사이로 어둠이 스며들기 시작한다. 바로 그때 하얗게 빛바랜 거대한 고사목을 발견한다. 죽은 나무는 아름드리 크다. 오랜 세월 풍화되어 가지는 모두 없어지고 둥치만 남았는데 거기에는 깊은 골이 패여 있다. 언뜻 보니 그 꼭대기에서 푸른 잎이 자라나고 있었다. 침엽수다. 나는 거의 본능적으로 다가갔다.

정말 기적 같은 일이다. 그 죽은 나무 틈 사이로 한 줄기의 홍갈색이 타고 올랐다. 아, 주목이다! 나도 모르게 탄성이 터져 나온다. 이어질 듯 끊어지고 끊어질 듯 이어지는 생명의 줄기 위에 피어난 저 푸름을 보라, 오 생명의 신비여! 죽어 천 년, 살아 천 년이라 더니 정말 그렇다. 그 홍갈색은 마치 여인의 드러난 어깨에서 늘어뜨린 팔의 곡선처럼 부드럽고 우아하게 흘러내린다. 흐르듯 멈추고 멈추듯 다시 흐르는 기의 유희(遊戱)는 바로 예술이다. 이 신비로운 주목을 어찌 투박한 구상나무에 비할 수 있으리오. 나는 결국 자연에 대한 애증을 버리지 못하는 편협한 인간이 되고 마는 것일까? '무(無)'의 도리를 설파한 어느 고승(高僧)이 부러울 따름이다.

이미 날은 어두웠다. 일행은 앞서 가버리고 우리 부부만 남았다. 등산로는 급경사로 이어진다. 전등을 켜 들고 칠흑 같은 산속에서 필사적으로 길을 찾는다. 등에서 진땀이 흐른다. 멀리서 개 짖는 소리를 듣고서야 이제 얼마 남지 않았구나 하고, 바위에 걸터앉아 한숨을 돌리며 가만히 아내의 손을 잡아본다.

(2003년 10월, 다섯 번째 지리산 종주)

주제의 팁: 지리산 구상나무는 반야봉과 영신봉에서 삼신봉을 거쳐 천왕봉까지 활발하게 자라고 있어요. 고산지대 수종이라 생육 환경이 척박한 곳을 좋아해요. 그 대신 지리산의 대부분 고사목은 구상나무랍니다. 특히 천왕봉 근처에는 구상나무 아니면 발붙이지 못해요. 구상나무는 튼튼하면서도 투박하지만 환경에 적응하는 몸매는 가히 예술적입니다.

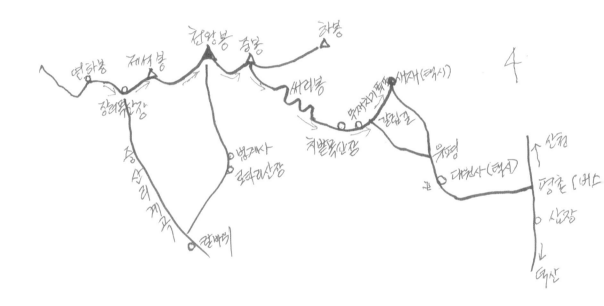

07 어둠이 삼켜버린 벽소령

두어 발.

연하천 산장에 도착하니 서산에 지는 해가 두어 발 남았다.

예약은 하지 않았지만 숙박을 요청했더니 자리가 마땅치 않다고 했다. 벽소령 측 의견을 물어보기 위해 전화를 했다.

"연하천 산장에 자고 오이소, 야간 산행은 위험합니더 예."

벽소령 산장 측의 대답이다. 그 대답을 듣고도 연하천 산장 측에서는 거리도 얼마되지 않고 길도 험하지 않으니 가는 것이 좋겠다고 상당히 완강하다. 이쪽에서는 가라 하고, 저쪽에서는 오지 마라 하고…. 이 사람들이 우리를 두고 핑퐁을 하는 건가?

결국 우리 일행은 연하천 산장을 출발하기로 했다. 왜냐하면 벽소령 산장에는 이미 우리들의 숙박이 예약되어 있을 뿐 아니라 내일의 산행을 위해서도 유리하기 때문이다. 몸은 비록 지쳤지만 아직 기(氣)는 살아 있지 않은가.

당시의 연하천 산장

형제봉을 넘어가는 대원들

물병을 다시 채우고 출발! 10월의 태양이라 힘은 없지만 그래도 두어 발 남았으니 크게 걱정되지 않았다. 자, 형제봉만 넘으면 벽소령이다. 토끼봉도 넘었는데 형제봉인들 못 넘을 소냐. 백전의 용사들이여 속도를 높이자! 부지런히 걸었다. 그러나 내리막길은 쉽지만 오르막길은 역시 힘들었다. 몸은 지치고 다리가 말을 듣지 않는다. 그럴 만도 하다. 약국에만 갇혀 있다가 오늘 하루 적어도 15km를 이미 걸었다. 노고단 산장에서 떠라면으로 겨우 아침 식사를 때우고 노루목을 거쳐 삼도봉에 올랐을 땐 그 당당한 풍광에 얼마나 감탄했나. 줄기줄기 뻗어 내린 광대한 산세가 바로 아름다움이었다. 그러나 보기에는 완만하게만 보였던 토끼봉, 그 토끼봉을 넘는 데 정말 힘들었다. 더구나 화개재에서 먹은 불고기백반으로 너무 배가 부른 나머지 얼마나 식식거렸나. 그렇지만 토끼봉에서 바라보는 지리산 백리능선은 그야말로 장관이었다.

그리고 많이도 쉬었다. 지리산을 느끼기 위해서 쉬었고 자연과 하나 되기 위해서 쉬었다. 쉼이 없는 산행은 철학이 없고 멋이 없다. 이는 우리 모두의 공통된 취향이었다. 온갖 포즈로 사진도 찍고 때로는 분위기에 휩쓸려 노래도 불렀다.

그런데 지금은 사정이 다르다. 밝을 때 한 걸음이라도 더 가야 했다. 하지만 형제봉을 넘기도 전에 벌써 날은 어두웠다. 해가 떨어지니 기온마저 갑자기 내려간다. 방한복으로 무장하고 눈을 부릅뜨고 어둠을 파고든다. 플래시를 켜고 모두들 평생 처음

해보는 야간 산행을 시작한다. 주위 경치를 볼 수 없으니 앞만 보고 걸었다. 형제봉 능선이 그렇게 길 줄이야! 봉우리를 넘을 때는 이미 깜깜한 밤이다. 형제바위가 무슨 거대한 괴물처럼 다가온다. 내리막길이 더 위험하다. 칼날 같은 바윗길이 이어졌다. 나로선 여섯 번째의 종주길이지만 이 코스가 그렇게 거칠고 힘든 줄 몰랐다. 플래시 불빛 아래로 드러나는 내리막길은 상어 이빨처럼 험상궂다. 쭈뼛쭈뼛 튀어나온 돌부리와 바위들을 불빛에 비춰보니 영락없는 상어 이빨이다. 식은땀이 흐른다. 또 큰 바위를 밧줄 타고 기어오를 땐 지팡이며 플래시가 얼마나 거추장스러운가. 앞사람이 일일이 잡아주고 받아주기를 얼마나 했던가. 힘이 빠진다. 이러다가 탈진하는 것은 아닌가. 넘어지기라도 한다면 어떻게 되는 것인가. 이미 한 사람은 발목을 삐어 지팡이에 의지하고 그 험준한 산길을 걸었다. 여자들을 생각하면 아찔하다. 이렇듯 고난의 행군이 계속되는데 뜻밖에 두 남녀 등산객을 만났다. 남자는 젊은 외국인이었는데 다리 근육이 굳고 통증이 심하여 걷지를 못하고 있었다. 갑자기 너무 많이 걸었기 때문일 것이다. 딱한 일이다. 구급약과 지팡이를 주었다. 그들이 딱하지만 우리는 가야 했다. 구조대를 보낼 테니 천천히 오라고 신신당부를 하고서….

얼마 후 쉼터바위를 발견하고 삼수갑산을 가더라도 쉬자고 했다. 피로에 지친 8명의 선남선녀가 쪼르륵 앉았다. 시야가 탁 트였다. 쟁반같이 둥근달이다. 달빛이 휘영청 쏟아지고 있다. 산의 체온을 느낀다. 포근하고 온화하다. 이야기꽃이 피어난다.

"지금 한창 약국에 있을 시간인데 지리산 속에 이러고 있으니 얼마나 좋아!

별은 빛나서 좋고 산속의 어둠은 적막해서 좋아.

용기 덕분이야, 용기!

불의에 맞서는 것만 용기인가?

그럼! 약사가 3박 4일 약국을 빠져나오는 것도 대단한 용기야!

더구나 험하고 험한 지리산 종주를 위해서 의기투합했으니….

어느덧 휘영청 달빛이

그러나 도대체 벽소령은 어디 숨었을까!"

이렇듯 우리의 익살과 농담은 쉴 때나 행군할 때나 끝없이 이어졌다.

다시 길을 재촉하는데 마이크 소리가 들린다. 틀림없이 벽소령 산장에서 들려오는 소리일 것이다. 그러고 보니 산장의 불빛이 저만치 어둠 속에 잠겨 있다. 이제 다 왔나 보다. 모두가 환호한다. 그러나 벽소령은 쉽게 나타나지 않았다. 가까운 듯하지만 신기루처럼 멀어져갔다. 그러고도 길은 험했다. 돌부리에 넘어질까 봐 조심하라고 소리소리 지른다. 심지어 로프를 타고 오르는 바위벼랑이 한두 군데가 아니다. 그러는 중 구조대를 만났다. 이렇게 좁고 험한 산길을 구급대가 간들 무슨 수로 구조할 수 있을까? 두고 온 환자가 걱정이다.

아, 벽소령이다!!

드디어 벽소령에 도착한 것이다. 우리는 기어이 해냈다. 어둠과 돌부리와 지친 몸을 극복하고 벽소령을 점령했다. 우리의 작은 용기와 모험심은 결국 승리했다. 기쁨이 넘쳤지만 너무 피로하여 그 기쁨을 제대로 표현하지 못했다. 산장의 후원에 들어서자마자 의자에 벌렁벌렁 드러누웠다. 일시에 긴장이 풀린다. 나무의자에서 찬 기운이 온 몸에 스며든다. 체온을 빼앗기면 안 돼!

산장에는 벌써 사람들이 취침 중이다. 가까스로 자리를 배정받고 담요를 구입하여 조용조용 자리를 마련해놓고 취사장으로 내려갔다. 물 뜨고 밥하고 찌개 끓이고…. 심야의 부엌이 바쁘게 돌아간다. 모두가 열심이고 헌신적이다.

그런데 뜻하지 않는 일이 일어났다. 등산길에 만났던 그 부상 외국인이 나타난 것이다. 아니, 어떻게 된 거냐고 다그쳤더니 우리가 준 약을 먹고 통증이 씻은 듯이 사라져서 잘 왔다는 것이다. 아, 이럴 수가! 얼마나 걱정했는데…. 정말 다행이다. 과연 용약(用藥)이 예술이로다. 그러면 그렇지. 남양주시 약사회의 회지 이름이 〈藝藥〉 아니던가!

(2005년 10월, 여섯 번째 지리산 종주)

심심산중에 밤은 깊어가고

08 삼신봉, 청학을 품다

청학동 떠나
미륵골 따라 물푸레 산길 오른다
싸늘한 눈바람이 나목을 울리는데
쪼그라든 단풍잎만 하늘에 맴돈다

샘터 지나
능선에 오르니 갓걸이재란다
정상까지는 고작 400m!
사뿐히 올라선다

큰 바위 셋을 등에 업은 삼신봉이 우람하다
제단 쌓은 정상엔 표지석이 우뚝하다
해발 1,288m
빤히 건너다보이는 촛대봉이 구름 속에 아득하다

청학이 보고파서 세석을 떠난 삼신이
청학은 품에 안았건만 돌아갈 수가 없네
그곳엔 뜨내기 삼신봉이 연하봉 아래에 이미 터를 잡았으니
떠도는 나그네 신세가 되었구나

길 잃은 삼신아 미련일랑 버려라

내 · 외 삼신봉으로 양 날개 펼치고

웅석과 벗하며 내대골 중산리골 유람하면

촛대봉이 부럽다 하겠거늘

(2018월 1월)

청학을 품은 삼신봉

모티브: 청학동에서 삼신봉에 오르는 골을 미륵골이라 하는데, 물푸레나무가 유난히 많더라. 뜨내기 삼신봉이란 주능선에 있는 촛대봉과 연하봉 사이의 삼신봉을 일컫는다. 그리고 웅석이란 말은 하봉에서 뻗어 내린 덕산의 웅석봉을 말한다.

싱그러운 신록의 품속으로

09 뱀사골 가는 길에

산이 사람의 사랑을 받는 데는 여러 가지 요건이 있다.

그중 하나가 위치다. 위치가 좋아서 사랑을 받는 경우도 있지만, 위치가 나쁘고 접근이 어려워 서러움을 당하는 경우도 있다. 지리산 반야봉(般若峯)이 바로 후자의 경우다. 내가 지리산 종주를 여러 번 했지만 정작 반야봉을 오르지는 못했다. 그 이유는 종주 능선에서 약간 비껴서 위치하고 있기 때문이다. 종주할 때마다 갈림길인 노루목에 당도하면 숲속으로 숨어드는 반야봉 등산로를 멀거니 쳐다보고 입맛만 다시곤 했다. 거리가 1km라고는 하지만 정상에서 머무는 시간이 있어 2시간은 족히 걸린다. 갈 길은 멀고 시간은 없고….

노루목에서

2012년 6월 드디어 반야봉에 오를 기회가 왔다. 하루에 반야봉엘 올랐다가 뱀사골로 내려가는 야심찬 하루 코스였다. 남양주 약사회를 주축으로 팀을 꾸렸다.

토요일 일과를 모두 마치고 오후 늦게 전세버스로 출발했다. 남원에 들러 추어탕으로 저녁을 먹었는데 고소하고 감칠맛 났다. 더구나 깻잎에 싸서 튀긴 미꾸라지도 한맛 한다. 이렇게 해서 늦은 시간 구례에 도착했다.

새벽같이 일어나 짐을 꾸리고 바로 성삼재로 달렸다. 구례와 남원을 잇는 이 산복도로는 노고단 아래 성삼재를 통과한다. 해발 1,100m인 성삼재까지 30분 정도 걸렸다. 남원에서는 1시간 정도 걸리는데 과연 30분 단축이다. 이 30분이 중요한 것은 일출을 보기 위해서다. 어둠이 채 가시지 않는 노고단 길을 앞서거니 뒤서거니 올라간다. 노고단 산장까지 3.8km다. 족히 1시간 반은 걸릴 것이다.

지리산의 새벽 공기가 신선하게 폐부에 스며든다. 길섶의 층층나무에는 돋아나는 새잎이 꽃처럼 예쁘다. 하얀 함박꽃(산목련)이 넓은 잎 뒤에 숨어서 수줍음을 탄다. 중도에 완만한 차도를 버리고 옛길로 접어드니 돌계단이 가파르게 이어진다. 그러나 지름길이라 바로 산장의 모습이 완연하다. 그런데 이게 무슨 일인가. 구름이 잔뜩 끼어 일출은커녕 해가 어디 있는지도 알 수가 없네. 지리산의 구름바다 사진 한 장 찍기 위해 렌즈도 다양하게 준비했건만…. 찌푸린 하늘이 휑하니 내려다보고 겸연쩍어 한다.

준비해온 '햇반'과 밑반찬으로 간단하게 아침을 먹는데, 옆 식탁에 아이들이 있다. 이 아이들이 2박 3일로 종주를 한단다. 나이가 10세와 13세다. 놀랍다. 저 어린 아이를 데리고 지리산을 종주하려는 그 부모가 대단하다. 그들의 산행을 축하하고 성공하기를 빈다.

0.5km 거리에 있는 노고단 고개로 오른다. 노고단은 1,507m로서 지리산에서는 세 번째로 높은 봉우리다. 그 정상에는 동그랗게 만든 솟대 하나가 있는데 옛날 삼신할머니에게 제사 지내던 제단이다. 그 솟대 옆에 큰 바위가 있어 그곳에 올라 하늘을 배경으로 가슴을 펴고 멋 부리는 모습을 카메라에 담아본다. 그리고 멀리 반야봉! 반야봉이 하늘 높이 솟았다. 그 앞의 중봉과 함께 엉덩이처럼 생긴 반야봉이 진행 방향에 정면으로 보인다. 오늘 우리가 올라야 할 봉우리다.

자, 이제 출발이다. 노고단 고개를 지나 산허리를 돌아든다. 지리산 종주 능선 백리 길의 시작이다. 아침 햇살에 빛나는 신록이 아름답다. 피톤치드를 내뿜는지 숲 내가 향긋하다. 크게 들이마시고 또 마시고…. 신선한 풀 냄새가 아까워 욕심을 부려본다. 지리산 품속은 이렇게 즐겁다. 무성한 산죽(山竹)을 따라 발걸음도 가볍게 몇 굽이를 돌아드니 시야가 열리면서 햇빛이 눈부시다. 돼지령이다. 왜 하필 '돼지령'이 되었는지 모르지만 아마도 산돼지가 많이 출몰하던 곳이 아닐까. 이곳은 봄철엔 야생화가 만발하고, 가을이면 단풍이 유난히 아름다운 곳이다. 피아골로 내려가는 갈림길을 지나 얼마 되지 않아 해발 1,320m에 있는 유명한 '임걸령' 샘에 도착한다. 노고단재로부터 3.2km 지점이다. 깨끗한 샘과 널찍한 후원은 휴식하기에 좋다. 산상에서 끓여 먹는 한잔의 커피는 최고의 맛이요 멋이다. 과일과 먹을 것을 나누며 한담을 즐긴다. 그늘은 없지만 흐린 날씨 탓에 햇볕을 의식하지 않고 고산의 분위기를 즐긴다.

우리는 여유롭게 아리아리한 신록의 숲속을 걸었다. 오르고 내리며 돌고 도는 산길, 아기자기한 그 산길이 마치 태고의 숲속인 듯 호젓하다. 숲 내가 향긋하다. 가을 산행에는 이런 향취를 느낄 수 없는데 오늘따라 숲의 향이 싱그럽고 향긋하다.

드디어 노루목이다. 반야봉으로 오르는 길목. 노고단으로부터 4.5km, 해발 1,498m! 이곳에서 보는 전망이 아주 좋다. 앞에 있는 바위에 오르면 전망이 확 열리면서 지나온 능선이 굽이굽이 펼쳐진다. 잘 보면 노고단의 솟대도 보인다. 반야봉을 오르는 갈림길인데 전에는 이곳에 젊은이가 당귀차를 팔았다. 특별히 맛이 좋은 것은 아니지만 등산객들은 쉬면서 한잔씩 마시곤 했다.

반야봉은 이곳에서 딱 1km. 왕복 2km다. 슬금슬금 오르는데 아무래도 배낭을 벗어놓고 가잔다. 당귀차 파는 사람이 있으면 맡기고 가면 되는데…. 할 수 없이 숲속에 그냥 팽개치고 카메라만 챙기고 간다. 숲속의 공기는 맑고 신선하다. 몇 차례 지리산 종주를 했지만 그때마다 지나치곤 했던 반야봉을 오늘 기어이 오르는구나. 감격스럽기도 하다. 숲을 벗어나니 바위들이 나타나면서 전망이 확 열린다. 기분 좋은 전망이다. 하늘이 제법 푸르다. 1km라고는 하지만 고도 200m를 올라야만 했다. 바위를 넘고 철 사다리를 기어오르니 정상 일대가 전망된다. 산유화가 아름답다. 너럭바위 급경사를 오르니 아! 정상이다. 새 하늘이요 새 땅이다. 푸른 하늘에 뭉게구름까지 피어올라 우리들의 등정을 축하해주고 있다. 구상나무 숲이 정상 주위를 에워쌌다. 정상에는 '般若峯(반야봉)'이라는 작은 표지석이 세워져 있다.

반야봉, 해발 1,732m! 지리산에서 천왕봉 다음으로 제2봉이다. 높이로 보아서는 중봉이나 제석봉보다 낮지만 풍광을 참작한 등수인 것 같다. 반야봉의 일몰은 아름답기로 유명하다고 했는데, 과연 서쪽이 거침없이 내려앉았다. 반야 일몰의 장관은 지리

반야봉에 오르다

산 10경에 포함될 정도로 아름답다고 한다. '반야(般若)'라는 말은 불교적 취향에서 나온 말인데, 최고의 진리를 깨닫는 지혜라는 뜻으로 해석하면 된다. 〈반야심경〉이란 말도 널리 알려져 있다. 여태 우중충하던 하늘이 꽃구름이 피어오를 정도로 맑고 푸르니 모두들 즐겁다. 그늘에 둘러 앉아 남은 먹거리를 털어먹는데 피망고추가 별미더라. 보고 또 보고…. 자주 오지 못할 반야의 풍광을 마음에 품고, 머리에 새기고 한참을 노닥거리다가 하산을 시작한다.

숨겨두었던 배낭을 찾아 노루목으로 가지 않고 지름길로 바로 삼도봉(해발 1,550m)으로 내려간다. 삼도봉(三道峯)의 풍광은 언제나 좋다. 너른 바위 중앙에는 삼각뿔의 표지석이 있다. 경상남도와 전라남북도의 경계가 이 봉우리로부터 시작되기 때문이다. 뒤돌아보니 방금 내려온 반야봉 능선이 힘차게 뻗어 올랐다. 바위 턱에 걸터앉아 끝없이 펼쳐지는 숲과 아스라이 이어지는 능선을 바라보며 감탄을 연발한다. 시간 가는 줄 모른다. 가슴이 후련하다. 과연 지리산은 크고 넓다.

이제 우리는 화개재로 내려가야 한다. 그곳에서 뱀사골로 빠져야 하기 때문이다. 화개재까지 약 0.8km, 상당히 가파른 내리막길이다. 그러나 계단길이 잘 설치되어 있는 데다 신록이 완벽하게 감싸주니 신선놀음이다.

화개재는 옛날에 경상도 하동의 화개와 전라도 남원의 반선마을을 오르내리는 고개다. 하동의 해산물과 남원의 토산품을 물물 교환하던 장소다. 그래서 그런지 그 능선이 백두대간답게 넓고 튼튼하다. 화개재 너머 보이는 능선이 토끼봉이며 이를 넘어가면 연하천 산장이 나온다. 우리는 화개재에서 반야봉과 토끼봉을 끼고 북쪽으로 흘러내리는 계곡을 타고 내려간다. 이 계곡이 장장 9.2km의 저 유명한 뱀사골이다. 나도 뱀사골은 처음이라 호기심도 많다.

200m 정도를 내려오니 대피소가 나타났다. 소위 뱀사골 산장인데 시설이 말이 아니다. 우물도 화장실도 없다. 이럴 수가 있나. 여기서 점심을 지어먹기로 했는데…. 겨우 바위 틈 물을 받아 떡라면을 끓였다. 마침 지나던 관리공단 직원들이 왜 여기서 밥을 하냐는 것이다. 산장에서 밥을 먹어야지 그럼 어디서 해 먹느냐고 따졌더니 산장은 폐쇄되었다고 한다. 이렇게 실랑이 한번 하고 먹는 둥 마는 둥 봇짐을 쌌다. 계곡은 있지만 물은 없다. 가뭄이 심하더니 큰 산에도 물이 없구나. 경사가 급하진 않지만 거친 너덜길이라 조심조심 행군이 느리다.

거의 3km를 내려왔을 때 '간장소'라는 명소가 처음으로 나타났다. '소(沼)의 물빛이 너무 검푸른 색이라 붙여진 이름'이라고도 하고, '화개재에서 물물교환한 소금을 자칫 잘못하여 넘어지면서 소에 빠뜨려 간장이 되었다'는 그렇고 그런 유래를 적어놓았다.

내려올수록 계곡이 아름답게 살아난다. 6월 신록의 뱀사골! 물은 맑고 바위는 깨끗하고 살랑바람은 싱그럽다. 얼마 후 제승대가 나타난다. 그렇다면 이끼 폭포는 지났단 말인가? 뱀사골에는 '이끼 폭포'가 유명하다던데, 별명이 '실비단 폭포' 그러니까 출입금지 팻말이 붙은 그곳이었구나. 이렇게 해서 옥류교, 병풍소, 병소 등 내로라하는 명승지를 두루 살피며 내려오는데 내려올수록 신록 사이로 계곡미가 살아난다. 뱀이 용이 되어 하늘로 오르려다 떨어져 죽어 용의 형상이 되었다는 '탁용소'의 간드러진 물길은 뱀사골의 백미다. 그런 연유로 뱀사골의 이름이 붙었다고도 한다. 석류알 같이 알알이 박힌 넓은 바위계곡을 넘쳐흐르는 물소리가 신록 사이로 정겹게 들려온다.

탁용소부터는 길이 좋아져서 걷기는 편하지만 지쳐서 발걸음이 느릿느릿하다. 계속 내려만 가니 지루한 데다 힘도 빠지고 무릎도 고장이 나고 내리막길 9.2km! 상당히 지치고 힘들다. 중산리 계곡이 6km인데 뒤에 오던 아주머니들이 스틱을 앞으로 내지르며 발을 쭉쭉 뻗어 힘차게 행군해간다. 아니, 저 아줌마들이! 이구동성이다. 저들은 어떻게 저런 힘이 남았을까? 주차장 식당에 앉아 허기를 채우는데, 가이드를 했다는 주인 아저씨 이야기를 들어보니 기가 죽는다. 우리와 같은 코스를 7시간이면 주파한단다. 우리는 12시간…. 이제 우리는 영락없는 굼벵이 동호회가 되었나. 약국만 지키느라 약골이 되었나 보다. 그래도 처음으로 반야봉과 뱀사골을 한꺼번에 돌파했으니 반쪽 가슴은 뿌듯하다.

(2012년 6월)

* 삼도봉–전라남북도와 경상남도를 경계 짓는 봉우리

모티브: 봄철 숲이 한창일 때 삼도봉 바위 가에 앉으면 숲의 바다가 펼쳐진다. 실로 대단한 숲의 바다다. 눈 아래로 펼쳐지는 숲의 바다를 보고 있노라면 108번뇌가 사라진다. 이 때문에 자신이 크고 넓은 지리산 속에 와 있음을 새삼 깨닫는다. 갈 길만 멀지 않다면 계속 앉아 있고 싶어라. 나무와 숲의 차이.

뱀사골 간장소

내려갈수록 아름다운 뱀사골 운치

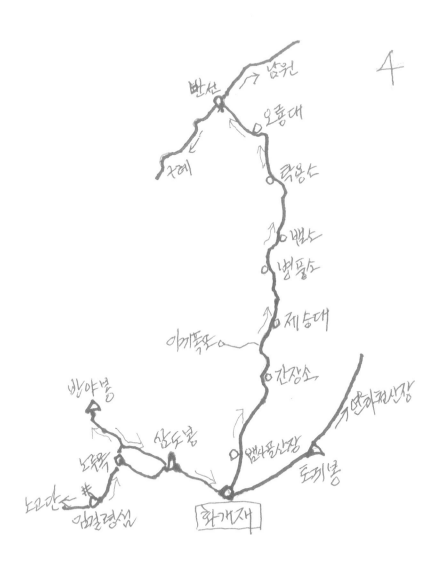

10 지리산에 날아든 깃털

요일에 관계없이 시간을 낼 수 있다는 것은 대단한 자유다.

개국 약사들로서는 꿈도 못 꾸는 자유다. 바로 깃털 같은 자유다. '깃털 같은 자유'는 내가 두 번째로 쓴 수필집의 이름이다. 그 자유를 지금 마음껏 향유하고 있으니 나는 소원 성취를 한 셈이다.

지리산 종주를 위하여 두 명의 약사와 함께 노고단 산장에 도착한 날이 화요일이니 하는 말이다. 더구나 종주가 끝나는 날은 금요일이다. "주말은 가라!" 이제 주말로부터 해방이다. 일생 동안 약국 하느라 주말만 챙겼는데 그 천직 같던 약국을 종료했으니 정말 통쾌한 일이 아닐 수 없다. 대신 나이는 많이도 먹었다.

그 세월 9년, 9년 만에 지리산에 다시 왔다!

노고단 산장에서 1박 하고 아침 7시 30분에 출발했다. 다음 예약 산장인 벽소령까지는 13km나 되니 서둘러야 했다. 임걸령 샘, 노루목, 삼도봉, 토끼봉, 연하천 산장, 삼각봉, 형제봉을 차례로 답파해야 벽소령에 닿기 때문이다.

비 내리는 쉼터
쉴 곳도 앉을 곳도 없다

노고단 고개에서 천왕봉 방향인 숲속으로 접어드니 아주 시원스럽다. 약간 내리막 길이라 발걸음도 가볍다. 간밤에 내린 비로 6월의 신록은 더할 나위 없이 깨끗하고 공기는 신선하다. 이번 종주는 신록을 위한 산행이 아니던가. 등산로에는 함박꽃이며 비비추, 떡취 취나물 등이 씩씩하게 자라고 있다. 셋이서 식물 이름 맞추기를 하며 즐거운 산행을 하고 있었다. 그러나 등산로가 젖어 있어 질컥거리고 미끄러워 조심스럽다.

돼지평전에 이르니 전망이 확 열리면서 눈 아래로 안개구름이 두둥실 떠도는 모습이 멋있다. 오늘은 좋은 날씨가 되려나 보다. 사실 일기예보를 보면 우리가 산행을 하는 동안 3일 내내 비가 내리는 것으로 되어 있어 우의는 물론 우산까지 준비를 했다. 피아골 삼거리에 도착했을 무렵 카메라 때문에 뒤처졌던 친구가 고함을 친다. "사람 살려!" 무슨 영문인지 알 수 없어 배낭을 멘 채 허겁지겁 뒤돌아 달려간다. 그는 팔을 붙들고 극심한 통증에 고통스러워하고 있었다. 손가락만 한 나뭇가지가 손바닥을 뚫고 깊이 박혔다. 손으로 뺄 수 있는 상태가 아니었다. 통증이 극심한 듯 안절부절못하고 있다. 미끄러져 한 바퀴 굴렀다고 하는데.

노고단 산장과 119에 연락을 취했다. 통신이 이루어지지 않아 애를 먹다가 결국 119와 통화가 이루어져 구조대원 4명이 달려왔다. 그들 구조대원의 도움으로 친구는 하산을 하게 되었다. 나머지 두 사람은 산행을 계속해도 된다는 구조대의 말을 믿고 우리는 산행을 계속하기로 했다. 119대원이 한 말 "등산용 장갑을 착용했으면 괜찮았을 건데…." 새겨들을 말이다. 안전사고는 이렇게 뜻하지 않게 다가온다. 그나저나 이 사고로 시간이 지체되었을 뿐 아니라 왕복 2km를 더 걸어야 했으니 그 후유증이 이후 산행에 큰 어려움으로 돌아온다.

부지런히 걸었다. 험난한 삼도봉을 넘어 화개재에 이르러 라면 하나를 끓여 먹고 토끼봉으로 올라간다. 이 봉우리만 넘으면 연하천 산장이 곧 나타나겠지. 그러나 토끼봉을 넘고서도 끝없이 이어지는 돌너덜길. 명선봉 언저리의 작은 봉우리를 몇 개나

더 넘는다. 중간에 속도가 비슷한 여자 등산객 두 분을 만났다. 배낭도 무거울 텐데 여자들만 다녀도 괜찮으냐고 물었더니 자기들은 항상 그렇단다. 더구나 지리산 종주를 10번은 족히 했단다. 매년 한다고 했다. 나는 이 나이가 되도록 기를 쓰고 해도 일곱 번짼데….

잔뜩 찌푸린 하늘은 뭔가를 터트릴 것 같더니 드디어 비를 쏟아낸다. 나뭇잎에 떨어지는 빗방울 소리가 요란하다. 여태껏 잘 참아주더니…. 우의 입고 우산 쓰고 미끄러운 비탈길을 오른다. 날은 어둑어둑하고 아무래도 연하천에서 숙박을 해야 할 것 같다. 그러던 중 반대편에서 허겁지겁 내려오는 한 남자를 만났다. 이 남자 하는 말이, 예약이 안 되었다고 연하천 산장에서 쫓겨났단다. 어디로 가야 숙박지가 가깝냐고 묻는다. 이런 난감한 일이 있나. 뱀사골을 타거나 노고단까지 가야 하는 것 아니냐. 그런데 시간이 너무 늦다고 얘기했더니 가는 대로 가보겠다고 한다. 남의 일 같지가 않다. 플래시도 없다는 그에게 라이터 하나를 건네주었다. 혹시 밤길에 도움이 될까 해서. 아뿔싸, 우리도 쫓겨날지 모르겠구나. 내심 걱정이다. 쫓겨나면 벽소령으로 가야지. 야간 산행 준비는 되어 있으니….

어둠이 내릴 무렵 우리는 비에 젖은 생쥐가 되어 연하천 산장에 도착했다. 뜰에 성큼 내려서는데 뜻밖에 마이크가 우리를 불러 세운다. 그들에게 사고 경위를 설명하고, 우리는 벽소령에 예약되었으니 그리로 가겠다고 엄살을 부렸다. 그랬더니 자기들이 자리를 내 주겠다고 한다. 그 대신에 숙박료를 새로 내란다. 벽소령 예약은 자기들과 상관없다고 했다. 같은 국립공원인데 그래도 되냐고 따졌지만 막무가내다. 독립채산제라나!

비를 찔끔찔끔 맞으며 우물과 취사장을 오가며 간신히 김치찌개까지 해서 저녁을 먹었다. 밤이 깊어가니 비 내리는 산장은 적막강산이다. 어둠은 산을 삼키고 산은 우리를 삼킨다. 어둠은 고요를 낳고, 고요는 적막을 낳더니 적막은 잠을 청하게 하는구나. 두고 온 친구 걱정도 되고…. 그러나 비가 온다는 일기예보 덕분에 산장이 텅텅 비어 조용해서 좋았다.

연하천 산장에서 벽소령까지는 3.6km다. 2시간이면 도착해야 할 벽소령이 3시간이나 걸렸다. 1km 가는 데 1시간 걸린 적도 있다. 너덜길이 미끄러우니 방법이 없다. 오늘은 비가 작정하고 내린다. 푸름으로 뒤덮인 온 산이 비에 젖는다. 그 축축한 숲 사이로 험난한 바윗길은 이어지고 우리는 조심조심 천천히 걸었다. 삐끗하면 큰일 나기 때문이다. 바위가 미끄러운 데다 배낭이 무거워 몸놀림이 둔하다. 이렇게 험한 지리산 종주를 사람들은 왜 좋아할까. 신선한 공기 때문일까, 끝없이 펼쳐지는 산너울 때문일까? 그렇기도 하지만 나의 경우는 심산(深山)을 걷는 것이 무언가 나를 즐겁게 한다. 내 몸이 깊은 산 속에 존재하는 것 자체가 기분 좋다. 산에 있을 때 행복하고, 산에 있을 때 살아 있음을 감사한다.

노고단에서 아침을 먹을 때 보았다. 초등학교 5학년과 중학교 2학년의 아이들이 비를 맞으며 종주를 한다고 나섰다. 그 부모가 대단하다. 아이들의 신체 단련은 물론 자연을 사랑할 수 있는 아주 좋은 기회라는 생각이 든다. 산은 좋은 것이다. 그들의 용기를 북돋아주었다.

이번 산행에서는 여러 가지 식물들이 눈에 들어왔다. 보기 드문 사랑초며 떡취(수리취), 비비추, 둥굴레가 군락을 이루었다. 한번은 돌려나기로 8~10개의 잎을 가진 멋

처음으로 눈에 띈 삿갓나물

있는 식물을 관찰하고 있을 때 마침 지나가던 여성이 눈치를 채고, 묻지 않았는데도 '삿갓나물'이라고 일러준다. 우산나물도 비슷하게 생겼는데 참 이름도 잘 지었다. 오늘 같은 날은 정말 삿갓이 필요해! 그렇게 해서 이야기나누게 된 이 여성은 함양에서 왔다는데 지리산 종주를 셀 수 없을 정도로 많이 했단다.

촛대봉에서 본 꽃구름 반야봉

　계절마다 온다고도 했다. 혼자 다니니 남 신경 쓸 일도 없지 않은가. 정말 지리산 마니아다. 우리나라에서 산의 높이와 산세로 보아 지리산 능선만 한 곳이 없다. 그래! 우리도 매년 종주하자고 친구와 하이파이브를 했다.

　벽소령 산장에 들러 잠시 비를 피했다가 다시 출발한다. 비는 내리고 신발은 질척거렸지만 그래도 마음만은 즐겁다. 전혀 기죽지 않고 걸었다. 한동안 순탄하던 길이 다시 험악해진다. 그러고 보면 지리산 종주 능선이 아주 거칠다. 경사보다도 돌과 바위가 많다. 비에 흠뻑 젖었으니 속도를 낼 수가 없다. 그러나 비가 그칠 때마다 산새들이 노래를 부른다. 듣지도 보지도 못한 산새들의 노랫소리가 정말 즐겁다. 고저장단에 음색도 아름다우니 진정 울음이 아니고 경쾌한 음악이더라. 등산길을 따라오며 지저귀니 어찌 즐겁지 아니하리오.

꽃보다 아름다운 구상나무 새순

덕평봉 전망대에 서면 세석과 천왕봉이 한눈에 들어온다. 처음으로 천왕봉이 클로즈업되는 위치다. 지금까지 여러 번 종주를 했지만 한 번도 실패한 적이 없는데 오늘은 안개가 자욱하여 아무것도 보이지 않는다. 비 오는 날의 종주는 정말 재미없다. 칠선봉을 거쳐 깎아지른 절벽 철계단을 올라서니 영신봉이다. 드디어 세석평전에 도착한 것이다. 오늘은 정상을 넘어 로터리 산장에 예약했지만 날이 저무니 세석 산장에 또 사정 이야기를 해야 했다. 직원이 로터리와 교신하더니 뜻밖에 순순히 숙박을 허락한다. 그리고 고마운 것은 숙비를 따로 받지 않겠다고 선언을 했다. 칭찬을 해주었다. "법은 법대로"보다는 운용을 잘해야 나라가 평화로운 것 아닌가.

내일은 정상을 거쳐 하산한다. 마음의 여유가 생겨 자리에 누워 지인들과 소식을 주고받았다. 모두들 노친들의 분투에 격려 문자를 보내준다. 커피 한잔하며 분위기를 즐기라는 사람도 있었지만 그런 낭만은 너무 호사다. 물을 끓이기 싫어서.

새벽에 잠이 깨어 밖으로 나오니 비는 그치고 하늘이 가볍다. 골짜기 아래로 조각구름이 버선발로 서성인다. 웃음 띤 얼굴로 사뿐사뿐 아침 산책을 하나 보다. 엄마구름이 아기구름 손잡고… 예감이 좋다.

세석 산장에서 촛대바위 오르는 길은 완만한 경사지만 상당히 힘들다. 숨차면 쉬면서 뒤돌아보곤 한다. 그런데 촛대바위에 올라 뒤돌아보니 산장 너머 멀리 안개구름 위로 반야봉(해발 1,732m)이 솟았다. 마치 엉덩이를 거꾸로 치켜든 듯한 버릇없는 반야봉. 반야봉은 하늘의 북극성과 같아 종주 능선 어디서나 볼 수 있다. 구름 띠를 두른 반야봉은 정말 멋지다. 사진 작품 1호다.

촛대봉 풍광이 일품이다. 정상에 있는 바위가 촛대를 닮았다고 붙여진 이름 같은데 북쪽으로 연하봉과 제석봉을 거느리고 천왕봉이 우뚝하고, 남으로는 반야봉까지 첩첩이 능선이요, 동에는 진주, 남해, 삼천포 바다가 아련하다. 촛대바위 언저리에 앉아 그런 기막힌 풍치를 즐기며 한때를 노닥거린다.

어제는 종일 비가 내려 사진 한 장 제대로 찍지 못했는데 오늘은 카메라가 제 기능을 발휘한다. 삼신봉과 연하봉의 그 풍치 좋고 아기자기한 바위들을 맴돌며 연신 셔터를 누른다. 동서로 전망이 툭 터졌는데 칼날 능선을 타고 이리 까꿍 저리 까꿍, 술래잡기하듯 넘나든다. 주목과 구상나무가 바위틈에서 아름다운 자태로 푸른 하늘을 노래한다. 이 구간이 지리산 종주 능선 중에서 제일 아름다운 능선이다. 연하봉은 아름다운 정원과 같다. 이로부터 장터목 산장에 이르는 능선 길은 그야말로 신선길이다.

드디어 장터목 산장!

넓은 뜰엔 햇빛이 눈부시게 쏟아지고 있었다. 천왕봉의 턱을 받치고 있는 장터목. 그래서 예약이 쉽지 않다. 지리산 능선 상에 있는 화개재를 비롯한 벽소령 장터목 등은 예전부터 경상도와 전라도의 동서(東西) 간에 물물교환 하는 시장이 열리던 곳이었다. 장비도 제대로 없던 그 시절 호랑이 많고 험악한 지리산을 오르내리며 행상을 했으니 상업의 힘은 실로 대단한 것이다. 그래서 그 터가 넓다. 실크로드나 차마고도가 바로 상업을 위해 생긴 것 아닌가. 이곳 매점에서 약간의 먹거리를 준비하고 물을 보충하여 정상을 향했다.

2박 3일간의 종주 마지막 스퍼트다. 몸과 마음을 일신하여 한 발 한 발 돌계단을 오른다. 가파르다. 고목지대가 펼쳐진다. 벌목을 숨기기 위해 불을 질렀다는 안내 표지판이 붙어 있는데, 지금도 풀만 무성하다. 자연의 복원엔 정말 긴 세월이 걸리나 보다. 그래도 구상나무의 식재로 상처는 제법 아물어간다. 제석봉 아래 전망대에 앉아 따스한 햇볕을 즐긴다. 촛대바위 아래로 용트림하는 험준한 능선이 한눈에 들어온다.

햇빛 달구는 장터목 산장

　제석봉에서 정상에 이르는 길은 예술이다. 말하자면 구상나무가 연출하는 예술이다. 해발 1,500m 이상에서 성장한다는 구상나무. 구상나무는 억세고 투박하지만 신록의 계절에는 새잎이 꽃처럼 예쁘다. 이 나무가 바위와 푸른 하늘과 어울리면 한 폭의 그림이 된다. 아름답고 신선한 살아 있는 그림. 이런저런 고산의 분위기를 감상하며 오르락내리락 능선 길을 타고 넘는데 중산리가 한눈에 들어온다. 천왕봉으로부터 단숨에 흘러내린 경사면의 끝자락에 중산리가 있었다. 산청군 시천면 중산리. 천왕봉이 왜 시천면에 소속되는지 알 것만 같다. 그러니까 천왕봉은 바로 중산리 뒷산이 아닌가.
　천왕봉 바로 아래에는 통천문(通天門)이라는 바위 문이 있다. 천상의 세계로 통하는 문이다. 거대한 바위가 수직으로 마주 보고 섰는데 그 윗부분에 작은 바위 하나가 끼어 있다. 그래서 문이 되었는데, 이 문을 통과하지 않으면 천왕봉으로 오르지 못하니 참 묘하다. 그 낀 바위가 빠지는 날이면 날벼락이 떨어질 텐데, 위험을 무릅쓰고 그 문을 통과해야 하니 정말 목숨을 운명에 맡겨야 하나. 등골이 오싹한다.

드디어 정상이다.

'韓國人의 氣像 여기서 發源되다.'라고 음각된 낯익은 표지석이 그곳에 있었다. 천왕봉에 오를 때마다 보는 그 표지석이지만 오늘따라 더욱 반갑다. 한 무리의 학생들이 반대편 중산리 쪽에서 올라온다. 힘들어하는 여학생들도 얼굴엔 웃음꽃이 터진다. 산청고등학교 학생이란다. 정상을 밟은 그들은 좋아서 어쩔 줄 모른다. 땀을 뻘뻘 흘리며 오른 그들, 세상 부러울 게 없는 그들, 얼마나 기분이 좋을까. 천왕봉은 어느덧 풋풋한 학생들로 가득하다.

하늘엔 새하얀 구름이 솜털처럼 피어오른다. 뭉게구름 사이로 바다같이 파란 하늘이 우리들의 종주를 축하해준다. 바위에 걸터앉아 정상의 분위기를 즐긴다. 허공에 내려앉은 능선과 골짜기가 아련하다. 천지가 푸르다. 가을 단풍이 아름답다고는 하나 푸름이 더 좋다. 풋풋한 생명력이 있기 때문이다. 시원한 바람과 따스한 햇볕은 피로에 싸인 몸과 마음을 녹여준다. 나는 행복에 젖는다. 더 오를 곳이 없는 천왕봉에 앉아 깃털 같은 자유를 즐긴다. 깃털이여 날아라, 그리고 영원하라!

하산 길은 중산리 계곡으로 잡았다.

(2014년 6월, 일곱 번째 지리산 종주)

저 숲속에서 휘파람새가

11 휘파람새, 숲의 요정

연초록이 물든 지리산 종주 길

아름다운 노래 들리네

바람이 나뭇잎으로 휘파람을 부는 걸까

어-히히요 어-히히요…

이 소리가 아닙니다

아~호호힛 아~호호힛…

이 소리도 아닙니다

그녀의 노랫소리는 들을 수는 있지만

아무도 흉내 내지 못하네

그녀는 몇 걸음 앞서가며

아름다운 목소리로 이야기를 한다네

그동안 숲속에 있었던 일을 정성껏 이야기해준다네

그리고

밥 잘 먹었느냐

뭐하고 먹었느냐

앞에 바위가 있으니 돌부리에 조심해라

이런 당부의 말도 친절하게 해준다네

사람들은 귀가 짧아 전혀 알아듣질 못하네

너무 답답하여 방울새가 통역을 하네

스쯔쯔 스쯔쯔…

사람들은 그것마저 알아들을 수가 없다네

그러나 그녀의 목소리는

계곡물이 흐르듯 옥구슬이 구르듯

귀가 즐겁고 마음이 즐겁다네

휘파람새는

숲의 요정인가 봐!

(2017년 6월, 열세 번째 지리산 종주)

모티브: 지리산에는 산새도 많지만 그 중의 으뜸은 휘파람새. 6월의 신록 사이로 문풍지처럼 새어나오는 새들의 노랫소리가 귀를 간질인다. 그 소리는 인간 세상에 없는 소리다. 소프라노 음색이 예쁘기도 하려니와 옥구슬이 구르듯 귀엽고 앙증맞다. 더구나 종주 길을 따라 오며 노래를 불러주는데 그 소리를 전혀 흉내낼 수가 없더라.

12 영혼의 검색대, 통천문

지리산 종주 선상에는 통천문이 있다.

그것도 천왕봉에 오르기 직전에 있다. 말 그대로 하늘로 통하는 문이다. 통천문을 통과하지 않고서는 천왕봉에 오를 수 없다. 실로 대단한 문이다. 태백산에도 한라산에도 백두산에도 없는 문이다. 그런 기상천외한 순 자연산 바위문이 지리산 종주 선상에 있다는 것이다. 그래서 천왕봉은 그 신비로움을 더해주고 있다.

천왕봉은 장터목에서 1.7km다. 얼마 되지 않아 보인다. 그러나 제석봉 내리막길이나 천왕봉 오르막길이 경사도 급하거니와 바위가 많아 상당히 까다롭다. 그래서 의외로 시간이 많이 걸린다. 특히 일출을 위한 야간 등반 시에는 더욱 그렇다. 그런데 앞에 통천문이 딱 버티고 서서 한 사람 한 사람 체크하며 통과시킨다. 통과시키는 기준이 뭐냐 하면 영혼 청결이다. 바디 스캔뿐 아니라 영적인 스캔도 하겠다는 것이다. 아무리 현세에서 잘 살고 똑똑해도 양심이 불량하면 통과시키지 않는다는 것이니 얼마나 겁나고 조심스러운가. 겁을 주면 사람은 진솔해진다. 더구나 천왕봉 일출은 3대를 덕을 쌓아야 볼 수 있다 하지 않든가. 그러고 보면 지리산은 정말 영혼이 깨끗해야 올 수 있는 산이다. 그래서 속설에 의하면 지리산은 어리석은 사람이 머물면 지혜로운 사람이 된다는 말이 있지 않은가.

그렇다면 통천문은 어떻게 생겼을까.

통천문은 한마디로 자연의 조각 예술품이다. 산의 암벽에 바깥쪽으로 엄청 큰 바위를 세워놓고 그 사이를 한 사람 통과할 수 있는 너비로 통로를 냈다. 그리고 그 윗부분에 문지방을 만들어 끼웠다. 그래서 멋들어진 바위 문이 되었다. 아주 절묘하다. 그런데 그 문지방도 아주 잘 만들었다. 마름모꼴 직육면체로 길이와 넓이를 알맞게 다

듦어서 모서리가 양쪽 바위에 걸치도록 했다. 정교하고 튼튼한 문지방으로 쐐기를 박은 셈이다. 통로 뒤쪽에도 바위벽을 세워서 바람이 불거나 발을 헛디뎌도 튕겨나가지 않도록 안전에 신경을 썼다. 이것이 투박하긴 하지만 어찌 훌륭한 자연의 예술품이 아니겠는가.

통천문 입구에는 천왕봉 0.5km라는 이정표가 세워져 있다. 이제 얼마 남지 않았구나 하고 힘을 낸다. 그리고 급경사 바윗길을 난간을 잡고 천천히 올라간다. 제법 미끄럽다. 내려오는 사람 먼저 보내주고 문지방을 넘어 지그재그로 올라간다. 예전에는 사다리가 통나무로 되어 있었는데 요즘은 철판으로 확실한 계단을 만들었다. 계단을 밟고 올라가면 처음 내딛는 곳이 문지방 바위다. 문지방 바위는 언제 빠질지 모르니 얼른 바깥쪽 큰 바위로 옮겨간다. 이곳은 난간이 설치되어 있어 안전하긴 하다. 하지만 기둥바위가 넘어가면 난간이 무슨 소용이랴. 그러니 오래 머물지 않는 것이 상책이다. 그리곤 뒤쪽 바위를 기어 올라가서 흙으로 내려서면 그제야 통천문을 완전히 통과한 것이다.

통천문을 통과하여 뒤돌아본 제석봉의 풍치

아슬아슬한 바위 통천문 문지방

펼쳐지는 천상의 세계!

통천문으로 올라올 때는 앞만 보고 올라온다. 문을 통과하는 데 신경을 집중하기 때문이다. 그러나 일단 올라오면 뒤를 돌아보게 되어 있다. 새 하늘에 새 땅이다. 같은 하늘과 같은 땅이지만 모든 것이 새롭다. 이는 마음이 새롭기 때문이다. 뒤돌아보면 제석봉이 아름답게 솟아올랐다. 언제 저런 풍경이 있었나 싶을 정도로 수려한 풍치가 전개되는 것이 아닌가. 아, 저것이 하늘에서 보는 풍경이로구나. 선경이로다. 감탄한다.

"나는 통천문을 통과했으니 양심이 깨끗한 거죠?"

"예, 그렇습니다. 그렇다고 지금까지 통천문을 통과할 때 양심 불량으로 탈락한 사람이 있다는 사실은 들어보지 못했습니다.(웃음)"

"그렇다면 양심 불량 운운은 헛소문일까요?"

"천만의 말씀, 지리산에 일단 들어오면 영혼이 깨끗해지니까요." ㅋㅋ

통천문을 통과하고부터는 천왕봉까지 계속 급경사에 계단길이 이어진다. 그러나 신선한 공기와 펼쳐지는 구상나무 경치에 감탄하며 힘든 줄 모르고 천왕봉에 오른다.

삼신봉에서 연하봉으로 가는 하늘길

2장

지리산 걷고 싶은
내 마음

노고단에서 바라본 일몰

01 일출 일몰의 황홀경은 덤이다

단풍을 위한 종주다.

전부터 10월 둘째 일요일 전후하여 가을 종주 산행을 몇 번 경험했었다. 왜냐하면 경험상 셋째 주만 되어도 단풍이 퇴락해 신선하지가 않기 때문이다. 10월 14일. 금년에는 음력으로 윤달이 있는 데다 날씨가 계속 따뜻하여 너무 빠르지 않을까 걱정도 했었다. 친구 내외와 함께 노고단 산장을 오르면서 그 풍성한 가을빛을 보고 제대로 왔구나 생각했다.

그날 노고단 산장은 저녁노을이 짙게 물들었다. 산장에서 보면 거의 정면이다. 검붉은 태양이 심연으로 가라앉는 일몰의 모습은 쉽게 볼 수 없는 광경이다. 태양은 홀로 사라지지 않는다. 주위의 하늘과 구름을 황홀하게 물들이며 마치 장엄한 퇴역식을 갖는 것처럼 우리가 알 수 없는 우주공간으로 영원히 사라진다. 일몰은 언제나 환희보다는 서글픈 감정을 갖게 한다.

지리산 종주에 묵을 수 있는 산장 중에 전망과 시설 면에서 제일 좋은 곳이 노고단 산장이다. 실내가 깨끗하고 훈훈하고, 칸막이까지 되어 있으니…. 그래서 일부러 1박을 하곤 한다.

하룻밤을 잘 보내고 노고단 고개에 올라 반야봉을 바라보니 몽글몽글, 하얀 뭉게구름이 정상 일대를 감쌌다. 멋있다. 이번에는 저 반야봉을 올라보자꾸나. 성큼 등산길로 들어서니 가을빛이 완연하다. 그런데 한 가지 유감은 지난 6월에 신록을 보러왔을 때는 온갖 나물과 식물들이 파릇파릇했었는데, 지금은 깡그리 없어졌다. 혹 메마른 잔재가 남아 있어도 뭐가 뭔지 알 수가 없더라.

반야봉을 오르는데 바위틈에 피어 있는 구절초 한 묶음을 보았다. 만물이 퇴색되는 계절에 보는 구절초. 가만히 들여다보며 눈 맞춤을 한다. 이 추운 산정에 홀로 피어

가을을 아름답게 하는구나. 예쁘기도 하지만 강한 생명력에 찬사를 보낸다. 반야봉은 역시 좋았다. 탁 트인 전망에 하늘 선을 긋는 능선들이 아스라이 내려앉는다. 그리고 눈이 시린 파란 하늘⋯. 마음마저 풍성해진다. 노루목 근처에 배낭을 벗어놓고 오르니 몸이 가벼워 더욱 좋았다.

삼도봉을 단숨에 넘어 화개재로 내려오는데 단풍이 너무 아름답다. 이 한 장면만으로도 이번 종주의 목적을 달성한 듯 기나긴 계단 길을 느릿느릿⋯. 빨간 단풍이 없어 아쉽기는 하지만 고산의 자연스러운 가을 모습을 만끽할 수가 있었다. 가을이란 게 있어 우리는 얼마나 좋은가. 토끼봉을 넘어 연하천 산장으로 이어지는 길은 역시 좀 지루하고 힘들다. 전망 좋은 쉼터도 별로 없는 데다 계속 너덜길 오르막이라⋯. 그런데 지도에 보면 '명선봉'이 있는데 토끼봉과 연하천 산장 사이에는 적어도 3개의 봉우리가 있었다. 어느 것이 명선봉일까, 지금도 궁금하다.

새들과 함께하는 연하천 산장의 일출

연하천 산장에서 두 번째 밤을 보냈다.

밤중에 일어나 밖에 나와 보니 별이 총총하다. 지난 6월엔 이곳에서 세석 산장까지 온종일 비를 맞으며 걸었었는데…. 얼마나 기분 좋은 밤하늘인가. 눈이 즐겁고 마음이 즐겁다. 그런데 이른 아침 다시 나왔더니 하늘이 황금빛으로 물들었다. 일출이었다. 연하천 산장은 산과 숲으로 빙 둘러싸여 있다. 그래서 일몰 일출하고는 관계가 없는 곳인 줄 알았는데 일출이라니! 총알같이 카메라를 들고 나와 우물 뒤쪽 언덕배기로 올라갔다. 과연 그곳엔 태양이 뜨겁게 타오르고 있었다. 나뭇가지 위로 힘차게 솟아오르고 있지 않은가. 그 어마어마한 광휘를 쏟아내면서…. 내가 그러고 있으니 다른 사람들도 앞 다투어 카메라를 들고 나온다. 이때 찍은 사진에는 새들도 나무에 앉아 해돋이 구경을 즐기고 있는 모습이 확연했다.

지리산 종주는 어느 구간이든 쉬운 곳이 없다. 연하천에서 벽소령 사이, 벽소령에서 세석 사이 모두가 험난하다. 굴곡이야 심하지 않다고 하더라도 돌과 바위투성이다. 한번 넘어지면 안전사고 난다. 더구나 벽소령 근처에서는 로프를 사용하는 경우도 많다. 이럴 때는 카메라는 물론이요, 스틱도 거추장스럽다.

형제봉을 넘어 바위 쉼터에 서니 툭 터진 전망이 일품이려니와 형제봉 기슭에 있는 형제바위가 뚜렷하게 클로즈업된다. 2개의 바위가 나 보란 듯 손짓한다. 올려다보며 분위기를 즐기다가 벽소령을 건너뛰어 덕평봉에 이르렀다. 덕평봉은 세석평전이 있는 영신봉과 마주한다. 이곳에 서면 처음으로 세석과 연하봉 그리고 천왕봉이 클로즈업되어 한눈에 들어온다. 장관이다. 오늘따라 하늘이 짙푸르러 단풍과 어우러지니 얼마나 아름다우냐! 그러니 사진을 찍지 않을 수 없는 곳이다. 이제 칠선봉을 거쳐 세석에 올라서면 오늘의 종착점이다. 그런데 세석평전은 가파른 단애(斷崖) 위에 펼쳐진다. 단애를 오르는 데는 260개가 넘는 계단이 설치되어 있다.

거북이를 닮은 영신봉 단애

거북이 머리같이 생긴 바위봉우리를 좌로 돌아 올라간다. 계단을 오르면서 보는 천왕봉과 고사목 지대가 손에 잡힐 듯 가깝고 명료하다. 그리고 뒤돌아본 경치도 좋더라. 드디어 세석평전! 새로운 하늘이 열리는 기분이다. 영신봉 기슭에는 구상나무가 군락을 이루어 나를 반긴다.

세석 산장은 어수선했다. 앞뜰과 우물가에 공사가 벌어진 것이다. 우선은 불편하지만 산객들을 위하여 좀 더 편리하고 깨끗한 시설을 만들어주었으면 좋겠다.

해가 넘어가니 또 발동이 걸렸다. 저녁 준비는 친구 내외에 맡겨두고 홀로 선셋 사진을 찍기 위해 촛대봉을 오른다. 급히 오르려니 숨이 찬다. 빤히 보이는 언덕길이지만 올라보면 힘들다. 끝까지 오르지 않고 중간에 습지 관찰을 위한 데크에 서니 전망이 트이면서 석양이 펼쳐진다. 구름이 없어 빛이 강하지만 능선들의 모습이 명암으로 되살아난다. 더구나 반야봉의 실루엣이 아름다운 모습으로 떠오르는 것이 아닌가. 촛대봉의 노을은 반야봉이 있어 더욱 환상적이다. 그 웅장한 산세는 간데없고 부드러운 하나의 곡선으로 하늘 선을 긋는다. 그나저나 사진 찍느라 손이 시려 혼났다.

촛대봉 낙조와 반야봉

셋째 날.

다시 촛대봉에 올라 천왕봉과 반야봉을 번갈아 보면서 후련한 가슴을 즐긴다. 연하봉으로 내닫는다. 연하봉은 멀리서 보면 바위꽃이 피어나는 모습이다. 기기묘묘한 바위들을 감상하며 바위에 걸터앉아 한때를 보낸다. 장터목 산장으로 이어지는 능선 길은 전망이 좋아 언제 걸어도 기분이 좋다. 동서(東西)가 뻥 뚫어졌다. 더구나 구상나무들이 바위들과 어울려 하늘을 우러러 살아가는 모습이 고산이 아니면 맛볼 수 없는 아름다움이다. 파란 하늘이 오늘을 더욱 즐겁게 한다.

장터목에 도착하니 오전 11시다. 좀 이르지만 시간이 어중간하니 라면 하나씩을 끓여 먹었다. 배낭을 산장에 남겨두고 가벼운 차림으로 정상으로 향했다. 고사목 지대에 오르는 급경사 바위계단 길은 빈 몸이라도 깔딱 고개였다. 숨차고 힘들다. 고사목 지대로부터 천왕봉에 이르는 길은 정말 경치가 좋다. 구상나무들이 파란 하늘과 어우러져 아름다운 풍치를 자아낸다. 정상으로 오르는 길이 거칠고 험하나 구상나무가 있어 즐거운 마음으로 오를 수 있다. 통천문을 지나고도 몇 개의 사다리를 거친 후 드디어 정상에 올랐다. 정상 일대의 바위 능선이 힘차게 뻗어간다. 바위 하나하나가 지력(地力)을 품고 천기를 받아 기가 넘친다. 에너지 덩어리의 저 바위들…. 지리산의 정기가 저로부터 뿜어 나오는 듯하다.

정상에는 거창중고등학교 학생들이 완전 점령했다. 정상에 오른 학생들은 힘들지만 기분이 좋아서 가히 흥분 상태다. 성취감이 오죽하겠는가. 저 학생들이 지리산 정기를 받아 훌륭한 사람이 되었으면….

장터목 산장으로 되돌아와 자리 배정을 받고 일행인 친구 내외와 함께 저녁을 준비했다. 그런데 서쪽 하늘이 황금빛으로 물들기 시작하는 것이 아닌가. 또 발동이 걸렸다. 무릎 통증 때문에 다리를 구부리지도 못하면서 고사목 지대 그 가파른 깔딱고개를 다시 기어올랐다. 고사목 지대를 한참 오르니 고사목과 낙조가 어울렸다. 나뭇등걸을 앞에 두고 폭신한 풀숲에 주저앉았다. 등걸 위에 카메라를 턱 얹어보니 또 반야봉이 나타난다. 세석에서보다 구도가 못하다. 왜냐하면 태양과 반야봉이 너무 가까워 반야봉의 모습이 제대로 드러나지 않고 빛에 묻혀버리기 때문이다. 다각도로 빛과 앵글을 바꿔가면서 시도해본다. 지리산의 석양 촬영에는 반야봉이 문제로다. 촬영을 끝내고 일어서는데 주위를 둘러보니 어둡고 아무도 없다. 천왕봉만 어둠 속에 동그마니 솟아 있다. 고사목 지대 분위기가 너무 을씨년스럽다. 플래시를 켜고 아픈 다리를 끌며 간신히 내려왔다.

다음 날 새벽, 바람 불고 비 내리고 호되게 춥다. 그런데도 4시가 되기 전에 벌써 배낭을 꾸리고 소란스럽다. 혹시나 천왕봉 일출을 보기 위해서일 것이다. 잠시 후 내실이 텅 비었다. 모두 다 천왕봉으로 올라갔나 보다. 결국 우리는 어제 다녀온 것을 핑계로 일출을 포기할 수밖에 없었다.

사람들은 일출을 좋아한다. 어떤 사람은 합장하며 소원을 빌고, 어떤 사람은 멍하니 바라만 보고 행복에 젖는다. 또 어떤 열정적인 사람은 만세까지 부르기도 한다. 멋있는 일출은 정말 마음을 움직일 정도로 장관일 경우도 있다. 단순히 우주의 쇼라기보다는 창조주와 생명 현상을 생각하게 하는 엄숙한 순간이 되기도 한다.

새벽밥을 짓다 말고 내실로 달려갔다. 카메라를 가져오기 위해서다. 얼핏 들으니 장터목 일출도 좋다고 한다. 산장 앞뜰로 나가니 과연 동녘이 황금빛으로 물든다. 장터목 일출은 반만 보는 일출이다. 반은 천왕봉 기슭에 가려지고, 나머지 반은 중산리 쪽으로 트였다. 태양은 그 둔각의 꼭짓점 근처에서 솟아오르고 있었다. 그러나 그 광휘의 아름다움은 천왕봉 일출을 압도한다. 다 같은 태양인데 일몰 때보다는 일출 때 더 빛나고 힘찬 이유가 따로 있을까? 우주적 에너지를 품고 떠오르는 태양! 우리는 그 태양 앞에 속수무책이다. 다만 신비롭고 장엄하고 아름다워 감탄할 뿐이더라. 그런데 뒤돌아보니 반야봉이 환하게 솟았다. 태양의 빛을 받아 온화하고 부드럽다. 반야봉은 역시 지리산의 보배다. 때마침 산장을 돌아보니 어둠 속에 호롱불 켠 산중의 초가집 같더라.

여덟 번째의 지리산 종주는 가을을 만끽하기 위해서 시도했다. 전체적으로 약간 늦은 감이 있지만 일출 일몰에서 완전 반전되었다. 그래도 지리산 종주 산행은 역시 가을이 제일 좋은 듯하다.

(2014년 10월, 여덟 번째 지리산 종주)

장터목 산장의 일출

숲속 스며드는 아침 햇살

02 촛대봉 실랑이

지리산 촛대봉

일출의 흥분이 채 가시기도 전에

연하봉으로 내려가는 급경사 길이었다

언 듯 보니 어두운 숲속에 빛이 번쩍번쩍한다

가만 보니

햇빛이 숲을 뚫으려 안간힘을 쓰고

숲은 뚫리지 않으려 온몸으로 막아선다

빛이 시비조로 하는 말이

좀 지나가자
좀 지나가자 인마!
난 어둠은 딱 질색이란 말이야

숲이 타이르듯 하는 말이

안 된다
안 된다 하잖아!
잠든 산새 깨우면 안 된단 말이야

정오가 되어 빛과 숲이 얼싸안고 어울리니
될 것도 안 될 것도 없었다
그들이 이구동성으로
괜한 실랑이 벌였네

모티브: 촛대봉에서 일출을 보고 나면 연하봉으로 가게 된다. 아침 태양은 강렬한데. 연하봉으로
행하는 급경사 길의 우측에는 숲이 우거졌다. 내려가면서 보니 태양이 그 숲을 뚫으려고 번쩍번
쩍 하는 모습을 그려본 것이다.

03 족두리꽃 이야기

지리산 종주는 사시사철 그 식생(植生)이 다르다.

계절적인 요인이 절대적이겠지만 1,300m에서 1,900m에 걸친 고도의 변화에 따른 요인도 무시할 수 없다. 그래서 언제 가더라도 한꺼번에 다 볼 수 없고, 또한 아무것도 보지 못하는 때도 없다. 그러니 고생한 만큼 본전은 찾는다는 얘기다. 식물을 알면 종주 횟수를 거듭할수록 훨씬 더 보람 있고 즐거운 산행을 할 수 있다.

족두리라는 말은 익히 들어봤지만 족두리풀이 있다는 건 금시초문이다. 족두리는 여자가 시집갈 때 각시의 머리에 쓰는 예쁜 장식이 아닌가. 이름이 마음에 들어서 기억하기에 좋았다. 족두리와 비슷한 잎을 가진 덩굴식물이 있는데 족두리풀은 절대 덩굴이 아니다.

또 하나 특기할 것은 족두리꽃은 이미 따로 존재한다는 것이다. '풍접초'라고도 했다. 풍접초는 얼핏 보아 각시들이 쓰는 족두리와 너무 흡사하다. 진짜 족두리꽃은 이것이 맞다. 그렇다면 족두리가 2개인 셈이다. 그런데 풍접초는 족두리꽃이라 하고, 이것은 족두리풀이라 하는 모양이다. 그렇다면 족두리풀의 꽃은 뭐라 할 것인가. 식물학자들이 이 문제를 명확히 해결해야 할 것으로 생각한다.

언젠가 봄철에 친구들과 함께 지리산 종주를 하게 되었다.

노고단 고개를 넘어서면 산허리를 비스듬히 돌아내려가게 되는데, 소위 임걸령 하이웨이다. 그곳은 야외 식물원이나 다름없다. 이런저런 꽃과 식물들이 눈에 들어온다. 비비추나 둥굴레류 떡취, 산수국 같은 식물들이 나무 그늘 아래 시원스럽게 자생하고 있다. 산에 다니다 보면 자연히 식물들에 관심을 갖게 되지만 그 모양과 이름을 내 것으로 만든다는 게 쉽지 않다.

족두리꽃(풍접초)

그런데 친구가 하나를 골라 족두리풀 같다고 했다. 가만 보니 흔히 보던 거라 눈에 익었다. 그리고 이름이 특이하여 기억하는 데 도움이 되었다. 이 식물은 등산로를 따라 계속해서 나타났다. 종주를 마치고 집에 와서 인터넷을 찾아 사진을 비교해보니 맞다. 그런데 야산에서 찾아보니 잎이 비슷한 덩굴식물은 있었으나 정작 족두리풀은 찾지 못했다. 족두리풀은 쥐방울덩굴과에 속하는 식물로 되어 있다. 그러니까 그 과에 속하는 식물은 잎의 모양이 거의 비슷하다고 봐야 할 것이다.

다음 해 봄에 다시 종주 길에 들어섰다. 5명의 시인(詩人)들과 함께했다. 신록이 우거진 아늑한 숲속이 싱그러웠다. 들어서자마자 족두리풀을 찾았다. 역시 지난해처럼 낯익은 자태를 자랑하고 있었다. 야생초는 이름을 아는 것도 중요하지만 그 꽃이나 잎을 기억해두는 것이 매우 중요하다. 인터넷에서는 꽃이 있다고 했는데…. 그러나 꽃은 눈에 띄지 않았다. 족두리풀은 지리산에도 상당히 광범위하게 자생하고 있었다. 돼지령을 지나 임걸령 샘으로 가던 중 혹시나 하여 뿌리 근처의 가랑잎을 들춰보니 이게 무슨 일인가. 그 속에 뭔가가 있었다. 꽃은 꽃인 것 같은데 숲이 어두운 데다

족두리풀

그 자체가 흑자색이라 정확한 모양새를 알 수가 없었다. 다른 곳에서도 시도해봤지만 어느 것이나 똑같다. 꽃을 보려면 잎을 찾아야 하고, 두 개의 잎대 사이에 하나의 꽃이 달린다. 그런데 꽃대가 워낙 짧은 데다 꽃이 고개를 숙이고 있어 자연 그대로 사진을 찍는다는 게 쉽지 않았다. 잎대는 또 길어서 잎과 꽃을 같이 찍으면 꽃이 볼품없이 작아지고, 꽃을 키우면 잎이 화면에서 사라지고…. 그래서 변변한 사진 한 장 건질 수가 없었다.

그런데 '꽃이 왜 하늘을 향해 쭉 뻗어올라 돋보이지 않고, 땅속으로 머리를 숙이고 있을까?' 하는 의문이 생겼다. 무릇 동물이나 식물은 종족 번식을 최우선 과제로 생명을 꾸려나간다. 그 수단으로 식물은 꽃을 피운다. 꽃은 아름답고 향기로울 뿐 아니라 저마다 꿀단지를 가지고 있어 벌 나비가 그냥 지나치지 못하도록 유혹하고 있다. 또한 꽃대를 길게 뽑아 그 유혹을 극대화시키고 있고 또 바람에 의한 수정도 가능하게끔 하고 있다. 그런데 어찌하여 족두리는 그 반대의 길을 가고 있는 것일까. 생태적으로 보아 도저히 이해가 가지 않는다. 정말 족두리 쓴 각시가 부끄러워하는 모습을 보이려는 것일까.

족두리풀에 대한 궁금증이 상당히 깊게 뇌리에 자리 잡았다. 또한 관심도 커져만 갔다. 다음해인 2017년 봄에 또 다시 종주 길에 들어섰다. 6월 초순이었는데 어찌 된 일인지 노고단에서 임걸령 샘까지 임걸령 하이웨이에는 족두리풀이 전혀 보이지 않았

천왕봉 귀퉁이의 5시인

다. 이상하다 이상하다 하면서 걸음을 재촉했다. 고산 지대에는 날씨의 영향이 워낙 크게 작용함으로 며칠 사이에도 생태계의 변화가 오는가 보다 했다.

그런데 토끼봉을 넘어가며 서서히 보이더니 형제바위를 지나 벽소령으로 가는 길에도 자주 보인다. 밑을 파보니 역시 꽃이 있었다. 이번에는 기어코 제대로 된 사진을 찍으리라 하고 플래시를 끄집어냈다. 낙엽을 걷어내고 땅을 향하는 꽃망울을 고개를 들게 하고 겨우 꽃술을 보게 되었다. 그리고 보니 꽃이라는 게 화육(花肉)이 두터워 무슨 방울처럼 생겨 족두리 앞에 장식으로 달면 어울릴 것 같은 모양이더라. 그제야 나는 무릎을 쳤다. 족두리꽃이라는 이름을 붙인 이유를…. 플래시를 비추며 관찰에 열을 올리니 일행들도 신기한지 각자 열심히 촬영을 한다. 꽃이 예쁜 것도 아니고 향기롭지도 않은데 우리 일행이 무슨 식물학자처럼 관찰과 촬영에 열을 올리는 것이다. 드디어 수술과 암술도 그 구조가 확실히 드러났다.

그런데 문제는 족두리꽃의 수정은 누가 해줄까. 벌과 나비는 접근이 어려우니 불가능하다. 그렇다면 개미와 같은 땅에 기어 다니는 벌레들이 매개할 수밖에 없을 것 같은데…. 그렇게 해도 수정과 번식에는 별 문제가 없는 모양이다. 자연은 그렇게 저렇게 다 생명을 영위하게 되어 있는 것 같다. 족두리풀은 세신이라는 한약재인데 매운 기(氣)가 있어 감기의 한랭한 기운을 몰아내는 데 자주 활용된다.

이번 산행에서는 여러 가지 식물을 관찰했다. 일행들이 모두 시인들이어서 사물에 대한 관심이 컸던 것도 있지만 인터넷 활용으로 즉각 이름을 알아내는 우수한 솜씨 때문일 것이다. 둥굴레를 닮은 애기나리라든지 풀솜대, 그리고 예쁜 앵초꽃과 하얀 물참대, 참조팝나무가 그것들이다. 더구나 바위이끼처럼 습한 곳에 자라는 한 닢짜리 바위떡풀은 앞으로 관심을 가질 수밖에 없는 매력 넘치는 식물로 생각된다.

(2017년 6월, 열세 번째 지리산 종주)

04 토끼봉과 거북이

산 이름은 어떻게 지어질까.

대개 그 산의 외형상의 특징이나 유래 그리고 큰 바위 등으로 지어진다. 지리산에서 제일 높다고 천왕봉, 불도를 닦는 반야가 살았다는 전설이 있다고 반야봉, 촛대를 닮은 바위가 있다고 촛대봉, 큰 바위가 2개라고 형제봉, 3개라고 삼신봉, 7개라고 칠선봉…. 그런가 하면 돼지가 많이 나온다고 돼지령, 노루가 다니는 길목이라고 노루목. 그렇게 보면 토끼봉은 토끼를 닮았거나 토끼가 많이 나오는가 보다 하고 생각할 것이다.

토끼봉에서 보는 지리산 주능선

토끼봉은 삼도봉과 마주하고 있다. 삼도봉은 반야봉의 발치에 솟은 작은 봉우리지만 꽤 넓은 암반으로 되어 있어 산객들이 쉬어 가기에 아주 좋다. 더구나 전라남북도와 경상남도를 아우르는 분기점으로 유명하여 정상에는 분기점을 나타내는 삼각뿔의 놋쇠로 된 표지 기둥이 박혀 있다. 삼도봉 언저리에 걸터앉아 끝없이 펼쳐지는 숲의 바다를 내려다보면 "아, 내가 지리산 오기를 참 잘했구나." 하고 감탄한다. 머물고 싶은 생각은 간절하지만 갈 길이 멀어 한숨 돌리고 출발한다. 바로 급경사다. 이 급경사는 길지는 않지만 여태 경험하지 못한 엄청나게 위험하고 거친 바위 절벽이다. 이 절벽을 조심조심 타고 내려오면 바로 길고 긴 계단이 나타난다. 삼도봉이 해발 1,500m쯤 되고 그 아래 화개재는 1,300m쯤 되니, 표고차가 200m쯤 된다. 경사가 급하고 험하여 계단을 설치했을 텐데 자그마치 560계단이다. 지리산 국립공원에서 엄청 큰 공사를 했다. 연하천 산장 내려가는 데 300계단, 영신봉 올라가는 데 약 260계단…. 그러고 보면 지리산 종주 선상에서 제일 많은 계단이다. 자칫하면 무릎이 나간다. 그래서 뒷걸음질 치며 내려가기도 한다.

그러나 이 삼도봉 계단 길은 봄이면 신록이 예뻐 신록의 터널을 만들고, 가을이면 단풍이 무척 아름다워 눈을 즐겁게 한다. 그리고 계단에 서서 앞을 보면 바로 아래가 화개재이고, 그 건너편에 도톰하게 누워 있는 산등성이 바로 토끼봉이다. 토끼봉도 그 높이가 삼도봉과 비슷하지만 경사가 다소 완만하여 위험한 구간은 아니다. 그러나 토끼봉을 오르는 데는 약간의 인내가 필요하다. 그래서 천천히 쉬어가며 올라야 한다. 마치 거북이처럼….

삼도봉 560계단이 끝나면 그 아래는 토끼들이 뛰어놀 만한 운동장이 있다. 이름하여 화개재다. 화개재는 전라도 쪽에선 마당재라고도 한다는데, 마당이라는 표현이 넓이도 적당할 뿐만 아니라 그 이름이 화개재보다 토속적이라 운치가 있다. 화개재는 옛날에 시장이 열리던 곳으로 전라북도 남원과 경상남도의 화개와의 물물교환 시장이다. 남원의 농산물과 하동의 소금과 같은 수산물일 것이다. 오늘날 화개재에서 남원시 반선으로 내려가는 길이 있다. 저 유명한 뱀사골계곡 9km이다. 그리고 화개 방향(남쪽)은 목통골이라 하여 목통을 거쳐 화개에 이르지만 거의 사용하지 않아 길도 없거니와 통행이 어렵다. 화개재는 한 바퀴 돌 수 있도록 난간이 설치되어있는데 난간에 앉아 때 마침 점심 먹기에 안성맞춤이다.

내가 토끼봉을 수차례 넘었지만 토끼는 구경도 못 했다. 그렇다고 토끼를 닮은 것도 아니고…. 왜 하필 토끼봉이라 이름 지었는지 모를 일이다. 설에 의하면 반야봉에서 방위를 보면 토끼봉이 묘 방위에 해당한다고 한다. 그래서 묘방, 즉 묘봉(卯峰)이라 불렀다고 한다는데, 차라리 거북봉이라 하면 어떨까 생각하기도 한다. 옛날엔 지보등이라 했다는데, 그것이 오히려 더 재미있고 그럴듯하다. 지보는 비비추를 일컫는데, 아닌 게 아니라 토끼봉에 오르면 비비추를 많이 본다.

화개재(왼쪽에 토끼봉이 조금 보인다)

계단길의 아름다운 신록

토끼봉에 올라보면 구상나무 고사목이 많다. 산성 비 때문일 것이다. 그래서 심산에 온 느낌을 받는다. 그러나 식생은 활발하다. 경사가 완만한 데다 양지발라 여러 가지 식물들이 자란다. 잘 보면 야생의 두릅나무도 쉼터 근처에 있고, 취나물(떡취)이며 비비추 그리고 내가 처음으로 발견한 투구꽃이며 이질풀 얼레지 등등…. 그래서 토끼봉은 토끼처럼 빨리 넘을 것이 아니라 이것저것 살피고 구경하며 거북이처럼 슬렁슬렁 넘어가야 힘들지도 않고 제맛이 난다.

토끼봉 정상 바로 아래에 있는 헬기장에서 한숨 돌리고 마지막 힘을 쏟으며 오르면 정상이다. 정상이라야 무슨 꼭대기가 있는 것이 아니라 두루뭉술한 등날이다. 정상에 서면 가슴이 뚫린다. 지리산 종주 능선을 감상하는 데는 최고다. 지나온 능선과 앞으로 가야 할 능선이 장엄하게 펼쳐진다. 지리산 백리 능선이 한눈에 들어오니 어찌 감탄하지 않을 수 있으리오. 특히 천왕봉과 연하봉 촛대봉이 일직선으로 하늘 선을 긋고 있는 모습은 정말 장관이다. 한 가지 아쉬운 것은 요즘은 정상 일대에 나무가 많이 자라 천왕봉 전망을 속 시원히 보기가 쉽지 않다는 것이다. 10년이면 강산도 변한다더니 전망도 많이 변하는 것은 어쩔 도리가 없다.

토끼봉은 이름은 비록 연약한 토끼봉이지만, 전망 면에서는 빼놓을 수 없는 웅장한 봉우리임이 틀림없다.

05 지리산 제1경, 천왕봉 일출

   산장 밖으로 나오니 찬바람이 후려친다.

   새벽 3시 30분이다. 겨울바람이 아직도 남았는지 5월 중순인데도 추위가 매섭다. 더러는 추위에 놀라 두꺼운 방한복을 위해 안으로 뛰어 들어간다. 천왕봉까지의 거리는 1.7km. 그리고 산장에서 공지한 일출 시간은 5시 10분인데 벌써부터 서둔다. 일출의 매력은 상상을 초월한다.

달빛 아래 고사목 지대

   장터목 산장 앞은 북새통이다. 칠흑 같은 어둠 속에 떠들썩한 목소리만 난무한다. 장비를 확인하는 소리, 일행을 찾는 소리 그리고 떠나는 소리…. 이런저런 소리들로 시끌벅적하다. 헤드라이트는 막대기처럼 휘둘리고….

   출발하니 바로 깔딱 고개다. 급경사 계단길이 다리를 아프게 할 뿐 아니라 숨차게 만든다. 이럴 때는 인내가 필요하다. 시간이 해결한다. 산행할 땐 인내가 기본이 아니던가. 그

감격에 넘치는 관객들

럭저럭 고사목 지대에 올라섰다. 한결 부드럽다 했더니 이번엔 바윗길이다. 우리는 노고단으로부터의 종주라 바윗길 걷는 데는 도사가 되었지만 몸은 지쳐 있다.

앞서거니 뒤서거니 제석봉 기슭을 돌아 전진하니 아닌 밤중에 무슨 결사대 같더라. 낮이라면 중산리로 뻗어 내리는 골짜기가 멋있을 텐데, 헤드라이트의 불빛만 허공을 맴돌 뿐이다. 난간을 부여잡고 오르고 내리길 계속한다. 어두운 데다 바위가 미끄러우니 조심조심…. 걸음걸이가 또박또박 정확해야 한다. 그래도 다른 사람들은 잘도 간다. 나만 힘들고 늦은 것 같다. 그러니 쉴 수가 없다. 어두워 볼 것도 없지만 쉬지 않고 행진했다. 볼 것도 없지만 시간이 늦으면 큰일 아닌가. 드디어 통천문에 이르렀다. 천왕봉 0.5km 팻말이 불빛 속에 또렷하다. 잠깐 숨을 고르고 다시 출발이다.

통천문은 역시 통천문이다. 철계단을 통과하여 통천문 바위 위에 올라서니 과연 새 하늘이 열린다. 동녘은 희미한 빛으로 움트고 있었다. 아~ 오늘은 일출을 제대로 보려는가 보다. 누군가가 말한다. 3대를 공 들여야 천왕봉 일출을 본다는데…. 마음이 급해졌다. 시계를 보고 또 보고….

　500m가 그렇게 멀 줄이야. 통천문을 지나서도 한참을 올랐다. 거친 바윗돌을 오르고 또 오르고, 곧추선 철사다리도 몇 개를 오른다. 잠깐 쉬면서 뒤돌아보니 허여멀건 보름달이 고사목 가지에 걸려 있다. 그런데 그 달은 숨차지도 않고 서두르지도 않는다. 바쁜 구름 먼저 보내고 유유자적 노닐고 있다. 달님이 저럴진대 해님은 어떠할꼬…. 우주라는 것이 참 신기하다. 아닌 밤중에 별 뚱딴지 같은 생각을 하며 오른다.

　마지막 돌너덜길을 차고 오르니 곰 발바닥처럼 생긴 집채만 한 바위 2개가 천왕봉을 지키는 사천왕처럼 분위기를 압도한다. 지리산의 정상 일대는 완전 바윗덩어리다. 정상이 저만치 실루엣으로 다가온다. 신기루가 아니라면 이제 정상이 틀림없다. 이미 동녘은 붉은 기운으로 가득하다. 그리고 정상에 오른 사람들의 실루엣이 어지럽게 흔들린다. 오른쪽 바위틈으로 어렵게 기어올랐다.

　드디어 정상에 섰다. 벌써 많은 사람들이 올라와서 북새통이다. 동녘은 스펙터클하다. 기가 막힌 장관이 눈앞에 펼쳐진다. 북동쪽에서 동남쪽까지 실로 온 하늘이 빛의 무대다. 빨, 주, 노로 채색된 하늘엔 빛과 에너지가 넘친다. 태어나는 에너지. 신성한 에너지. 강렬한 에너지, 아름다운 에너지다. 이 에너지를 받기 위해 사람들은 일출에 열광하나 보다. 낮에는 그저 해가 떴나 보다 하지만 일출 때 보면 태양의 실체를 느낄 수 있다. 허공에 끈 없이 매달린 불덩어리의 실체 말이다. 그 힘과 광휘 그리고 신비로운 운행의 비밀…. 정말 태양은 매력 덩어리다.

　강한 바람이다. 장갑이며 모자 등 거의 겨울옷 수준인데도 추워서 쩔쩔맨다. 정상의 동쪽 사면은 낭떠러지요 급경사 절벽이다. 천왕봉 표지석을 중심으로 앉고 서고 빼곡하다. 그러나 어디서 태양이 솟을지 알지 못한다. 그저 넓은 무대를 바라볼 뿐이다. 초롱초롱한 눈망울로….

　솟는다 솟는다 옥구슬이 솟는다. 암흑이 잉태하는 작은 옥구슬. 검은 대지 위로 달걀만 한 것이 빤짝빤짝한다. 과연 저것이 태양일까. 저렇게 쪼끄마한 것이 진정 불덩어리 태양이란 말인가. 그러나 그 작은 빛은 예리하게 암흑을 갈랐다. 한 번 솟은 태양은 계속 밀고 올라왔다. 믿어지지 않는다. 하늘을 수놓은 광휘로 보아 집채만 하거나 적어도 솥뚜껑만 한 것은 올라와야 할 텐데 기껏 달걀 크기라니…. 그러나 그 달걀 하나가 지상을 밝게 비추었다. 지리산이 살아났다. 바위도 숲도 그 특유의 형체를 찾는다. 온 누리가 광명 속에 새롭게 피어나고 있었다. 그 한 가닥의 빛이 내 가슴에 꽂혔다. 내 가슴이 벅차오른다. 부풀어 오른다. 토끼의 심장처럼 뜨거워진다. 나는 행복에 젖는다. 기쁨과 사랑과 희망이 솟아났다. 무아지경이다. 빛의 본질은 무엇인가.

관객들은 숨을 죽이고 바라본다. 나타난 옥구슬이 도로 꺼지기라도 할 듯이…. 조마조마한 마음으로 가슴을 움켜쥔다. 동그랗게 해가 솟고서야 안도의 숨을 내쉬고, 얼굴에 웃음이 깃든다. 자기 스스로 태양을 끌어올린 것처럼 대견하고 행복에 젖는다. 지리산 정상엔 평화가 찾아온다.

그러나 바람은 그칠 줄 모르게 불어 대고, 손은 시리다. 누구든 증명사진은 찍어야 했다. 특히 표지석 주위는 앞은 앞대로 뒷면은 뒷면대로 포즈를 취하느라 아수라장이다. 그러니 사진이 제대로 될 리가 없다. 사진 촬영도 고통이다. 나는 뒤로 빠져나와 눈을 들어 반야봉을 보았다. 그도 일출을 보았는지 빙그레 행복한 표정이다. 반야봉이 좋아하니 나도 좋더라.

천왕봉 일출은 지리산 10경 중 제1경이다. 날씨 때문에 쉽게 볼 수 없기도 하지만, 장터목 산장으로부터 1.7km 거리인 데다 급경사와 험준한 바윗길 때문에 야간 산행을 톡톡히 해야 한다. 그래서 더욱 값진 일출이 된다. 아름다운 구상나무며 통천문, 중산리 계곡, 고사목 지대 등은 두고 온 배낭 때문에 장터목으로 되돌아 하산하면서 여유 있게 본다.

(2016년 5월, 열한 번째 지리산 종주)

옥구슬의 강휘

06 천왕봉에 누워

땅은 허공에 내려앉고
나 홀로 솟았다
더 오를 곳이 없다는 건 기분 좋은 일이다
바위 베개에 구름 이불로 천왕봉에 누웠으니
이렇게 좋을 수가

땀 흘리고 숨차고
악어 이빨처럼 밀려오는 돌부리를
넘고 또 넘어
나 홀로 사흘 만에 종주하여 오른 천왕봉
흰 구름은 저렇게 가벼이 가는구나

천왕봉에 누워 흐르는 구름을 본다

나무 끝에 매달린 갈잎 하나에도

나는 보았네

지리산의 아름다움을

숨어서 반겨주는 새들의 지저귐에도

나는 느꼈네

지리산의 정겨움을

투구꽃 산수국 용담초

그들과 주고받는 사랑스러운 눈빛

나는 혼자가 아니었네

천왕봉은 언제나 왁자지껄

인증 샷 한 장 찍을 수가 없네

(2017년 10월)

주제의 팁: 3일간 혼자 종주하여 개선장군처럼 천왕봉에 올랐으니 그 기쁨이 오죽하겠는가. 그러나 천왕봉에는 당일 코스 산객들이 원주민처럼 왁자지껄…. 그래도 느껴야 하니 구석을 찾아 누워 보았다. 흐르는 구름 보면서 이번 산행을 음미해본다.

07 지리산 종주 그 열 번째

단풍이 뭐기에….

해마다 보는 것이 단풍인데, 가을이 오면 또 단풍이 보고 싶어진다. 같은 단풍이라도 해마다 그 색상과 느낌이 달라 항상 새롭다. 지리산 단풍은 설악산처럼 계곡과 바위가 어우러져 기기묘묘한 장관을 만들어내진 못한다. 그러나 높고 넓은 산세 따라 굽이치는 단풍의 물결은 정녕 압권이다. 단풍은 분명 자연이 인간에게 주는 아름다운 선물이다. 그 단풍을 위해 또 한 번의 지리산 종주를 시작하려 한다. 이번엔 최초의 단독 종주다.

지난해는 10월 12일에 노고단으로 입산했다. 단풍이 좋긴 한데 어쩐지 한물간 느낌이었다. 그래서 금년엔 일주일을 당겨 10월 6일에 입산을 시도했다. 싱싱한 단풍을 보고 싶었기 때문이다.

남원에서 택시를 타고 성삼재로 오르는데 단풍 기운은 전혀 없고 늦여름처럼 녹음이 맹숭맹숭하다. 마음이 편치를 않다. 그러나 성삼재에서 노고단 산장으로 오르는데 빛의 변화가 일어나기 시작했다. 일렁이는 가을빛을 따라 내 가슴도 일렁인다.

산장에서의 일몰이 볼 만하다. 저녁을 먹으며 그 황홀한 노을을 홀로 감상하자니 아까운 생각이 든다. 노고단 서쪽에는 높은 산이 없어 태양이 눈 아래로 내려앉는다. 마치 절벽 아래로 떨어지는 느낌…. 그것이 노고단 일몰의 특징이다.

다음 날.

아침 일찍 식사를 하고 6시에 노고단 고개에 올랐다. 연하천 산장이 공사 관계로 폐쇄됐기 때문에 벽소령까지 가야만 했다. 약 15km다. 멀리 가야 할 땐 일찍 나서는 것이 상책이다. 그래서 그런지 고개에는 이미 많은 사람들이 붐비고 있었다. 마침 일출

노고단 산장에 오르는 가을빛

시간이라 여명을 응시하며 차마 발을 떼지 못하고 있는 산객들…. 나는 여명에 실루엣으로 떠오르는 반야봉 사진 한 장 담고서 종주 길에 성큼 들어섰다.

컨디션이 좋다. 약간 내리막인 임걸령 하이웨이를 거침없이 걸었다. 지난봄에는 그렇게도 많던 꽃과 풀들이 완전히 자취를 감추었다. 다만 비비추와 산수국의 마른 잎들이 눈길을 끌 뿐이다. 돼지평전에서 선 채로 전망을 감상한 뒤 임걸령 샘으로 갔다. 화개재에서 점심(라면)을 먹게 되면 라면용 물 하나를 더 가져가야 했다. 500ml 2개를 넣고 강행군이다.

노루목을 향하여 잘 가고 있는데 어디선가 상냥한 목소리가 들려온다. "날 보고 가세요~." 뒤돌아보니 아무도 없다. 그런데 길섶의 쑥부쟁이가 예쁜 꽃을 피워놓고 환하게 웃고 있었다. 그제야 눈치를 챘다. 뒤돌아가 쑥부쟁이와 눈인사를 하고 윙크도 했다. 볼거리 없는 계절에 네가 꽃을 피워주니 지리산 분위기가 확 살아나는 구나. 나는 한결 기분이 좋아졌다. 마음의 여유도 생기고…. 혼자 걸으니 야생의 소리도 다 들리는구나.

노루목을 지나 삼도봉에 올라 수해(樹海)를 바라보니 단풍은 아직 절정에 이르지 못하다. 아무래도 너무 이른 것 같아…. 애통해하면서 길을 떴다. 그런데 삼도봉을 내려서니 단풍 빛이 확 달라진다. 정말 멋진 빛의 조화다. 빨간 단풍나무와 황갈색 도토리나무가 멋지게 어우러졌다. 단풍에 대한 기대감이 다시 살아났다. 화개재에 내려서니 점심시간이 약간 이르다. 그러나 물이 있는 연하천 산장까지는 멀고 험하다. 망설이다가 그

처음 본 투구꽃

영신봉 사면의 비단결 단풍

삼각봉의 투박한 참나무 단풍

래도 컨디션이 좋으니 통과로 가닥을 잡았다.

토끼봉을 힘겹게 오르고 있었다. 자주 쉬고 간식도 먹고…. 그런데 처음 본 야생화가 눈에 들어왔다. 보자마자 투구꽃이라고 확신했다. 이런 기적이 있나. 인터넷에서 가끔 보던 바로 그것! 감격했다. 남청색의 모자를 눌러쓴 모습이 영락없는 투구다. 보고 싶던 투구를 지리산에서 보다니! 가슴에서 흥분의 파도가 일어난다. 가까스로 흥분을 제어하면서 사진 촬영에 바쁘다. 그런데 그로부터 야생화 찾기에 몰두했다. 풀숲만 내려다보고 행군을 하는데 아니나 다를까 또 하나의 기적! '이질풀'을 발견했다. 지난여름 중국 동태항 산에서 처음 본 그 꽃이 틀림없다. 둥그스름한 꽃잎 5개…. 이질을 잘 낫게 한대서 이질풀이라 한다는데, 야~ 이런 행운이 있나.

그럭저럭 연하천 산장에 도착하니 확장 공사 중이다. 헬리콥터가 계속 날아들고 있었다. 헬리콥터가 올 때마다 주위 나무들이 사시나무 떨 듯하고. 먼지가 회오리친다.

주위 공터에서 라면 하나를 간신히 끓여 먹고 벽소령을 향하여 행군을 계속한다.

삼각봉을 오르는데 참나무 단풍이 무르익었다. 황갈색 단색이지만 빨간 단풍과는 또 다른 분위기다. 투박하고 처절한 가을 맛이다. 세상 넓은 줄만 아는지 옆으로만 제멋대로 뻗어나간 가지들 사이로 펼쳐지는 색의 향연! 그 모습을 보며 나무들이 비록 땅에 붙박혀 있지만 한없는 자유를 누리는구나 하고 생각했다. 삼각봉 정상 바위에는 구급용 팻말 하나가 세워져 있다. 50년 전 이곳에는 전투 진지가 있었는데…. 대학 시절에 최초로 종주하던 추억이 살아난다. 감회에 젖으며 아스라이 내려앉은 산너울을 바라보며 심산(深山)의 분위기에 심취한다. 혼자서 산행하니 몸도 마음도 자유롭다. 산행 속도도 오히려 빠르다.

형제봉을 오르는데 힘들다. 내리막은 쉬운데 오르막에만 들어서면 힘들다. 갑자기 앞이 소란하여 달려가 보니 1년생 단풍나무가 머리에 빨간 띠를 두르고 주먹질을 하고 있다. 울분이 대단하여 그 이유를 물은즉 자기는 큰 나무가 될 꿈을 가지고 올해 태어났는데, 지금 죽기에는 너무 억울하다고 울먹인다.

그럴 법도 하지만 오해야 오해! 단풍은 죽는 것이 아니라 혹독한 추위를 견디기 위해 몸이 변하는 거란다. 봄이 오면 다시 파란 얼굴이 예쁘게 자라난단다. 간신히 다독거려 놓고 걸음을 재촉했다. 숲속에도 바람 잘 날 없네….

벽소령에 다다를 무렵 산수국 군락을 발견한다. 깊은 산 속에서 보는 산수국은 희열을 일으키기에 충분했다. 얼마 가지 않아 사랑초 발견! 비록 단풍이 들어 노란 색으로 변하긴 했지만 귀여움은 여전하다. "당신과 함께해요!"라는 꽃말처럼 지금까지 나를 기다리고 있었구나. 겨울 지나고 따뜻한 봄에 다시 보자.

벽소령 산장에서 하룻밤을 보내고 가벼운 발걸음으로 출발했다. 능선마다 단풍이 넘실거리고 굽이마다 절경이다. 덕평봉을 지나 세석과 천왕봉이 한눈에 보이는 전망대에 앉고 보니 천지를 단풍이 수놓았다. 영신봉의 사면과 세석평전 아래로 펼쳐지는 골짜기가 아름다운 비단결이다. 어쩌면 저렇게 싱그럽고 아름다운 색채를 발현할 수가 있을까. 지리산 단풍이 바로 이거야! 신록은 연초록 한 가진데 단풍은 색상이 풍성해, 신록은 가냘픈데 단풍은 투박해, 신록은 수줍어하는데 단풍은 당당해서 좋아. 아~ 이번엔 단풍을 제대로 맞추어 왔구나!

겨울이 되면 나무들은 생존 수단으로 잎자루에 떨켜를 만들어 수분 공급을 차단한다. 그러면 엽록소가 파괴되어 푸른빛이 없어지는데, 그때 잎에 남아 있던 고유의 빛깔이 발현된 것이 단풍이라고 하는데 어쨌거나 신기하다. 즉 붉은 빛의 안토시아닌, 노랑 빛의 카로틴 그리고 갈색의 탄닌 등이 변색을 주도하여 단풍이 된다고 한다. 참으로 묘하지 않는가. 산에는 주로 단풍나무, 산벚나무, 붉나무 등이 빨강이고, 노랑은 생강나무, 고로쇠나무, 느릅나무 등이며, 갈색은 참나무 계통이 압도적이다.

앞에 펼쳐진 단풍을 보니 한 가지 색이 더 있다. 바로 소나무와 잣나무 구상나무의 푸른색이다. 이렇게 아름다운 총천연색 단풍을 앞에 두고 멀리 천왕봉을 감상하며 천기를 호흡한다. 정말 통쾌하다. 여기가 이번 종주의 하이라이트가 아닐까. 이번 단풍 산행은 정말 멋지게 맞았다.

아기자기한 칠선봉을 구경하고 270개 계단을 치고 올라 드디어 세석평전에 오른다. 세석평전에서 라면 하나를 끓여 먹고 촛대봉을 오른다. 구절초가 예쁜 꽃을 피우고 반겨준다. 촛대봉은 일출과 일몰의 명소다. 그리고 연하봉과 천왕봉을 한눈에 볼 수 있을 뿐 아니라 반야봉까지 되돌아볼 수 있는 최고의 전망대이기도 하다. 꼭대기에 올라 가슴 한 번 펴고 행군을 계속한다. 바위와 구상나무가 연출하는 패션쇼를 구경하면서 유유자적 삼신봉과 연하봉을 넘어간다.

장터목 산장에서 밤을 보내는데 새벽에 일어나 밖에 나와 보니 춥고 바람 불고 비 내리고…. 날씨가 말이 아니다. 그래도 4시가 넘으니 모두들 출발한다. 못 말려! 일출이 뭐길래 이 세찬 비바람을 뚫고 강행군을 하는 걸까. 구름 때문에 일출을 보지 못할 줄 뻔히 알면서….

나는 아침 먹고 천천히 올랐다. 망원렌즈를 달았더니 카메라가 천근이다. 깔딱고개

춤추는 남매 구상나무

를 힘겹게 올라 고사목 지대에 이르니 완전 반전이다. 비바람은 그치고 하늘은 높이 올라갔다. 하얀 안개구름이 느릿느릿 골짜기를 거닌다. 하늘과 구름과 산이 만들어 내는 천계(天界)의 평화로운 장면이다. 발걸음이 멈추고 시간도 멈춘다. 대자연의 신비요 축복이다.

그런데 세석에서 그렇게 아름답던 단풍이 온데간데없다. 해발이 좀 높다고 벌써 가을은 끝나고 겨울이 한창이다. 고도(高度)에 대한 기온의 변화가 이토록 정확하게 작용하나 보다. 골짜기마다 펼쳐지는 새로운 풍경들에 감탄하며 통천문을 통과하여 천왕봉에 올랐다. 360도 파노라마가 전개되는 천왕봉에 오르면 언제나 가슴이 통쾌하다. 더구나 3일에 걸쳐 혼자 종주를 했으니 더욱 감개가 무량하다. 바위에서 뿜어 나오는 지리산 정기를 듬뿍 받으며 사탕 하나를 입에 넣고 하늘을 즐긴다.

뿌듯한 가슴으로 하산을 한다. 정상 바로 아래에는 구상나무 두 그루가 살고 있다. 하나는 살아 있고 하나는 죽었다. 내가 '생과 사의 춤'이라고 이름 붙인 나무다. 나무 곁에 있는 바위에 걸터앉아 생각에 잠긴다. 생과 사는 하나이며 태양은 생과 사를 구별하지 않고 축복을 내린다고….

시간의 여유가 있어 장터목에 잠깐 쉬었다가 초코파이 몇 개를 사들고 중산리로 내려가지 않고 세석평전으로 되돌아갔다. 그동안 궁금했던 거림이 코스를 밟아보기 위해서다. 내대리 거림이골까지 단풍 속을 혼자 걸었다. 흐뭇하다. 중산리 코스보다 약간 수월하다. 거림에서 버스를 기다려 덕산으로 갔다.

열 번째 지리산 종주는 이렇게 성취했다. 초행이 약 50년 전인 1964년이다. 그리고 27년 후 두 번째 종주를 했다. 약국 생활은 정말 시간을 주지 않는다. 그래서 10번이라는 횟수가 더욱 값지다.

(2016년 10월)

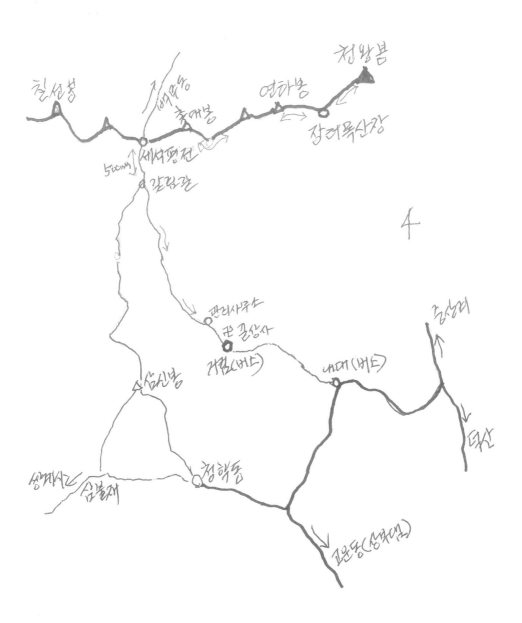

08 짓궂은 자연

장터목 산장은 칠흑이었다.
먹구름이 하늘을 덮더니
비를 쏟아부을 기세다.
바람이 휘몰아친다.
나무가 쓰러지고 돌이 날아갈 듯
어둠을 날리고 시간마저 날려 보낼 것만 같다.
낮 동안 그렇게 포근하던 가을 날씨가
살을 에듯 춥다.

아
혼돈이다.
이게 무슨 악귀의 장난인가.
자연이 무섭다.
세상을 뒤집을 것만 같다
번데기처럼 움츠려 하룻밤을 보내고
아침에 일어나 보니
나무도 바위도 질서정연하고
아무것도 변한 것이 없다
안개구름 산허리를 감싸고
골짜기엔 운해가 잔잔하다.
맑은 하늘엔 구름 한 점 떠돈다.

지리산엔 평화가 왔다.

자연이 저렇게 짓궂을 수가 있나
내가 의아한 눈빛으로 물끄러미 쳐다보니
왜 그런 눈빛으로 보냐고
오히려 반문한다.

(2015년 10월, 지리산 장터목 산장에서)

모티브: 지리산의 날씨는 그 분위기가 급변할 때가 많다. 밤 시간과 아침 시간의 극명한 변화는
귀찮은 일이기는 하지만 멋이기도 하다. 장터목 산장에서의 밤은 너무 사납고 침울했는데, 그 아
침 분위기가 행복을 느낄 정도로 해맑고 좋아 표현을 해본 것이다.

09 천왕봉 전망대, 웅석봉

　밤머리 재가 문제로다.

　고갯길이 빙판이라면 차로 오를 수 있을까. 밤머리 재에 차가 오르지 못하면 산행 자체가 어려운데…. 전날 눈이 제법 왔기 때문에 태산 같은 걱정이다. 밤머리 재는 경남 산청군 삼장면 홍계리와 산청읍을 연결하는 꽤 높은 고개다. 평소에 알고 있던 밤머리 재는 높기도 하려니와 경사가 급하기 때문에 걱정이 아니 될 수 없었다. 아마도 오늘의 등산 승패는 차가 고개 위에까지 올라갈 수 있느냐가 관건처럼 보인다. 그러나 응달진 몇 모퉁이에 살얼음이 얼었으나 조심조심 오르니 별 어려움 없이 재에 올라섰다.

　휴~ 정말 다행이다. 고갯마루 공터에는 고장 난 버스 한 대가 서 있다. 음료수를 파는 가게로 쓰이는 듯하다. 공터를 한 바퀴 둘러보아도 인기척이라곤 없다. 오전 9시 30분. 인터넷에 나와 있는 대로 길 건너편에 오르는 계단이 보였다. 동쪽 방향이다. 안내판에 있는 등산지도를 일별하고는 계단을 올랐다. 지그재그를 한 번 하더니 곧장 위로 솟구친다. 경사가 급한 데다 눈이 많아 오르기가 힘들다. 눈구덩이가 많아 빠지고 미끄러지고, 요리조리 눈구덩이를 피해가며 오른다. 그래도 눈이 많으니 얼마나 좋은가. 소나무가 없으니 나무 위에는 눈이 없다. 그러나 땅의 잡목에는 눈송이가 맺혀 호화찬란하다. 마치 개구쟁이들이 눈싸움을 하느라 아수라장을 만든 것처럼 어지럽다. 더구나 아침 햇빛에 눈부시게 빛나고 있다.

　등산로가 계속 솟구치더니 방향 표지판이 세워져 있다. 산청 대장마을 갈림길이다. 해발 853m. 밤머리재가 620m쯤 되니 고도 230m를 거의 직선으로 솟구쳐 오른 셈이다. 얼마 가지 않아 헬기장을 지나고부터는 능선이 오른쪽으로 크게 휘어져 길게 뻗어간다.

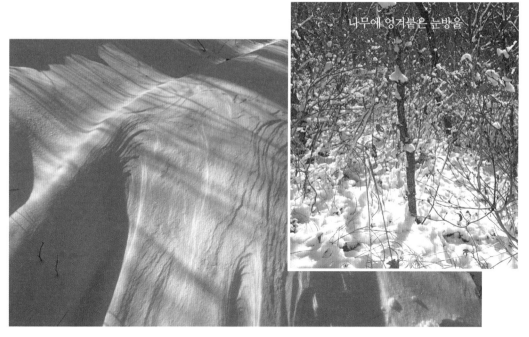

나무에 엉겨붙은 눈방울

칼바람이 눈 위에 새겨 넣은 동양화

　내가 웅석산에 관심을 갖게 된 것은 단속사지를 둘러볼 때였다. 전국약사문인회의 회원들이 나의 시골집을 방문했을 때 남명 조식 선생의 유적과 문익점 선생 기념관과 함께 단성면 운리에 있다는 단속사지(斷俗寺址)를 답사 일정에 포함시켰다. 단속사는 신라시대 사찰이지만 지금은 석탑만 존재한다. 그러나 나의 관심은 매화나무에 있었다. 정당매라고 하는데 고려시대 통정공 강희백 선생이 심은 것이라 전해지고 있다. 이 매화나무는 단성 예담촌의 670년 된 원정매와 시천면 사리의 450년 된 남명매와 더불어 산청 3매라 일컬어진다. 전국적인 명성을 가지고 있다. 그러나 기대와는 달리 정당매 1세대는 100여 년 전에 이미 죽었고 2세대도 몇 년 전에 죽어 지금 있는 것은 3세대라 하는데, 일단의 잡목이나 다를 바 없었다. 그런데 이 단속사지가 웅석산 기슭에 자리하고 있다는 것이었다. 웅석산….

　그 후로부터 웅석산이 어디에 어떻게 생겨 있는지 알아야 할 것 같아 이번에 실행하게 되었다. 그 높이가 1,099m라니 제법 웅장할 것 같다.

능선에 서니 바람이 꽤 강하다. 이 바람은 눈을 한쪽으로 몰아붙여 발이 푹푹 빠지는 눈 웅덩이를 만든다. 어떤 곳에는 칼바람이 눈 위에 산수화를 멋있게 그려놓았다. 겨울 산이 볼 것이 별로 없는데, 좋은 눈요깃거리가 되어준다. 등산객이라곤 아무도 없는 완전 혼자요 초행이다. 눈을 밟은 발자국도 없다. 그러나 지리산 경치는 으뜸이다. 눈 덮인 천왕봉은 히말라야 설산처럼 다가왔다. 정말 아름다운 횡재다.

홀로 능선을 타노라니 천지가 고요하다. 그야말로 적막강산이다. 산바람이 쇳소리를 내며 스쳐 간다. 하늘은 청아(淸雅)하고 공기는 차고 맑다. 머리는 개운하고 가슴은 차분하게 가라앉는다. 정말 멋있는 겨울 산행이다.

어제 서울서 시골집으로 내려오는데 눈발이 휘날리더니 함박눈으로 내린다. 산과 들이 하얗게 눈을 뒤집어쓴다. 웅석산이 떠올랐다. 마음은 즐거웠다. 잘하면 눈꽃뿐 아니라 하얀 지리산을 볼 수 있을 듯도 했다. 머릿속으로 장비를 점검해보니 아이젠이 없었다. 어쩌면 휴게소에 있을지도 모른다는 생각에 덕유산 휴게소에 들렀다. 과연 아이젠을 구입할 수 있었다. 그리고 어묵 2꼬치를 샀다. 내일 산에서 김밥 대신 먹을 점심이다.

한동안 능선을 타고 나가니 고도가 높아지면서 바위 능선이 나타난다. 상당히 거칠고 날카롭다. 그러고 보니 산의 좌우 경사도가 아주 급하다. 웅석산이 곰이 떨어져 죽어서 생긴 이름이라 '곰바위산'이라고 한다더니 이를 두고 하는 말인가. 왼편은 산청읍이 경호강과 함께 그림같이 펼쳐지고 오른편은 삼장면 홍계리가 길게 누웠다.

그런데 등산로에 이상한 발자국이 뚜렷하다. 좁고 길쭉한데 눈 위에 선명하다. 무슨 짐승일까. 토끼는 아닐 테고…. 혹시 산돼지? 글쎄…. 여하튼 경계를 좀 해야겠다. 바위 능선에는 소나무가 멋있다. 여름이라면 시원하고 전망이 좋아 훌륭한 쉼터가 될 것 같은데…. 아마 웅석산의 제1경이 아닐까 생각해본다.

능선을 타는 동안 계속 지리산을 훔쳐보며 걷는다. 천왕봉 중봉은 하얀 구름너울 쓰고 멋 부린다. 촛대봉에서 연하봉 천왕봉 중봉 하봉 써리봉까지 펼쳐지는 지리산 파노라마가 장관이다. 지리산의 속살을 손금 보듯 환하게 들여다보기는 처음이다. 얼기설기 얽힌 산록의 모습이 정말 신기하다. 웅석산은 과연 지리산의 훌륭한 전망대로다.

정상에 선 필자

바위 능선이 끝날 무렵 전방에는 높은 봉우리 2개가 연이어 솟구치고 있었다. 초행이라 어느 것이 웅석봉인지 궁금해하며 걸었다. 급경사 내리막길이다. 눈이 많이 쌓여 아이젠을 착용하고도 미끄럼을 타야 할 판이다. 안부에 내려서니 두 번째 갈림길이 나타났다. 표지판에는 왕재라고 적혀 있고, 왼쪽으로 선녀탕 가는 길이 2km, 정상까지는 아직도 2km가 남았다고 되어 있다. 전체가 5.3km라고 했는데 아무래도 표지판이 엉터리 같다는 생각이 든다. 얼마 남지 않았을 텐데…. 눈 때문에 앉을 자리가 없어 선 채로 귤 하나 까먹고 급경사를 치고 올라갔다. 이 능선만 치고 오르면 정상이 가까울 테다. 다시 힘을 낸다.

능선을 치고 오르니 보기보다는 그렇게 힘들진 않았다. 능선은 이제 왼쪽으로 틀어지며 솟구친다. 소나무가 울창한 봉우리에 오르니 해발 980m, 상투봉이라 적혀 있다. 능선 따라 안부로 내려가니 세 번째 갈림길이다. 능선을 계속 따라가면 달뜨기 능선이라 되어 있으니 그 끝에는 이방산과 수향산이 나올 것이다. 이들은 우리 시골 마을 사리로 통하는 산들이 아닌가. 능선을 버리고 좌측으로 내리막길을 잡으니 안부에 헬기장이 있고, 정상으로 이어지는 길이 빤히 올려다 보인다. 정상 300m! 구상나무들이 마치 환영을 하듯 줄지어 서서 경례를 한다. 초소 하나를 지나니 바로 정상이다.

지리산의 하봉(下峰)에서 뻗어 내린 동쪽 자락이 밤머리재를 건너뛰어 웅석봉을 일

천왕봉   중봉

써라봉능선

대원사계곡

웅ㅅ

천왕봉 중봉 하봉 써리봉으로 둘러싸인 지리산의 속살

구고 이제 몸을 낮추어 스멀스멀 사라지는 현장이다. 그래서 산과 들이 모두 내려앉는다. 시원하게 뚫렸다. 가슴마저 후련하다. 세찬 바람도 아랑곳하지 않고 멀리 황매산과 가야산, 덕유산을 어림잡아 보며 광활한 풍광을 즐긴다. 그렇다면 산청읍과 단성면, 시천면과 삼장면 등 4개 고을이 웅석산에 의하여 나누어지는 게 아닌가. 나는 웅석산 자락에서 태어나고 자랐다는 사실을 깨달았다. 놀라운 발견이다. 마치 나의 뿌리를 찾은 듯 가슴 뭉클하다. 웅석산에 대한 호기심을 완전히 풀었다.

정상에는 해발 1,099m라고 새겨진 표지석이 세워져 있다. 검은 곰이 떠오르는 태양을 바라보고 있는 그림도 새겨 넣었다. 정상에 서서 보니 아무래도 멋있다. 천왕봉의 동쪽 사면이 한눈에 들어오니 말이다. 그 험준한 산세를 보고 또 보아도 또 보고 싶더라. 정상 일대가 좁은 탓인지 난간을 설치하여 쉴 수 있도록 했는데, 남자 한 사

하봉

하봉능선

밤머릿재

람이 취사를 하고 있었다. 나도 옆에 앉아 어묵 하나를 끄집어내어 잘근잘근 씹어 먹었다. 평소에는 잘 안 먹던 음식이라 낯설긴 했지만 그런대로 먹을 만했다. 그런데 그가 나를 보더니 혼자 오셨냐고 묻는다. 그렇다고 했더니 산돼지의 공격을 받기 쉬우므로 혼자 다니면 위험하다고 충고를 한다. 뉴스에 산돼지가 사람을 죽였다는 소리를 들었다고도 한다. 가만 보니 자기도 혼자이면서…. 여하튼 이곳은 산돼지가 많아 위험하니 소리를 내면서 돌아가란다.

그렇다면 능선에서 본 발자국도 산돼지 발자국이 틀림없다. 그래서 밤머리재까지 되돌아가는 5.3km를 계속 고함을 치거나 스틱을 두드리며 내려올 수밖에 없었다.

(2015년 12월)

10 지리산 백리 능선

　마음이 편치 못하다.

　겨울 하나를 통째로 보내면서 눈 산 한 번 오르지 못한 것이 못내 아쉬웠다. 모진 추위 감내하며 아이젠으로 눈을 꽉꽉 밟으며 한 발 한 발 오르는 기분을 잊지 못해서다. 하얀 겨울 능선 위에 말갈기처럼 늘어선 겨울나무들도 보고 싶다. 그들이 그려내는 수묵화며, 설화와 빙화도 겨울 산이 아니면 볼 수 없는 아름다운 풍경들이 아닌가.

　적설량을 생각하면 적어도 해발 1,500m 이상은 올라가야 할 것 같다. 그래서 생각해 낸 것이 덕유산이다. 더구나 덕유산은 좋은 추억이 있었다. 제법 오래되긴 했지만 그때 정상 능선에서 아주 신기하고 아름다운 눈꽃을 보았었다. 그 후로 다시 가고 싶은 마음은 간절했지만 뜻을 이루지 못했다. 이번에는 기어코 눈꽃 사진 한 장 멋지게 찍어 오리라 다짐했다.

　무주구천동의 이른 아침!

　아내와 함께 산장에서 나오니 공기가 차다. 식당가에서 따끈한 된장찌개로 속을 데우고 바로 출발! 탐방센터를 지나 걸음을 재촉한다. 등산 출발점인 백련사까지 6km.

지리산 백리 능선(하늘 선 좌측이 천왕봉, 우측이 반야봉)

하얀 눈길을 걸으면서 구천 8경을 곁눈질 해보지만 개울물 자체가 완전 결빙이다. 흐르는 물은 한 방울도 구경 못 했다. 차디찬 눈길이지만 굽이굽이 이어지는 모습이 오히려 즐겁기도 하다.

그런데 2개의 스틱으로 열심히 행군하며 따라붙는 등산객이 있었다. 인천에서 새벽에 출발했단다. 50대로 보이는 이 사람은 전국의 산을 누비고 있는 중이란다. 향적봉을 바로 올랐다가 오수자 굴로 내려올 것이라 했다. 우리는 반대로 오수자 굴로 올라갈 계획이니 굴 근처에서 다시 만나겠다고 이르고 헤어졌다. 그리고 쉼터에서 안경 낀 한 아가씨를 만났다. 코스를 물었더니 역시 향적봉을 해서 오수자 굴로 내려올 것이라 했다. 여자의 몸으로 혈혈단신 오르는 이 아가씨도 대단한 등산 마니아다.

백련사 앞에서 갈림길을 만났다. 우리는 향적봉 코스를 버리고 오수자 길로 성큼 들어섰다. 아무래도 급한 경사보다는 좀 둘러 가더라도 완만한 길을 택한 것이다. 본격적인 산길이다. 아이젠을 단단히 착용하고 개울을 거슬러 올랐다. 개울의 바위들은 두터운 눈에 덮여 있다. 검은 얼굴에 하얀 스카프를 쓰고 인고(忍苦)의 세월을 보내고 있는 바위들. 마치 천 년이나 된 것처럼…. 기슭의 나무들은 벌거벗었다. 그 흔한 소나무 한 그루 없다. 오직 산죽(山竹)들만 눈 위로 고개를 내밀고 푸름을 즐긴다.

겨우살이 군락 발견!

한약재로 널리 알려진 이 식물은 나무에 기생하며 살아가는데 뽕나무에 자라는 상기생을 제1로 친다. 이것이 산기슭의 참나무 끝에 수십 개가 달려 있다. 그림의 떡이다. 큰 나무 끝에 달린 것을 무슨 재주로 손에 넣나. 등산로는 점점 가팔라지고 숨은 차고 다리는 힘들고…. 앉아서 쉬고 싶어도 바위마다 눈이니 서서 쉴 수밖에…. 서서라도 쉬고 나면 그래도 좀 낫다.

중도에 눈 위에 앉아 쉬고 있는 아가씨 2명을 만났다. 이들은 대뜸 초콜릿 과자를 내밀며 인사를 한다. 너무 빠른 하산에 의아하여 물었더니 산장에 자고 온단다. 덕유산에 산장이 있다면 잘 활용할 수 있겠다는 생각이 든다. 그러나 무엇보다도 연약한 여자들이 남자의 도움 없이 겨울 산행을 한다는 것이 대견스럽다. 우리나라의 등산문화가 그만큼 성숙했다는 증거일 것이다.

오수자 굴에 거의 가까이 왔으리라 생각하며 급경사를 치고 오르는데 위에서 엉덩이로 미끄럼을 타며 내려오는 사람이 있었다. 만나고 보니 아침에 만났던 그 안경 낀 아가씨였다. 놀라며 벌써 돌아내려오느냐고 물었더니, 이 아가씨 하는 말이 아이젠이 없어 향적봉 코스를 바꾸어 완만하다는 오수자 코스를 택했노라고…. 그런데 이 코스도 너무 경사지고 미끄러워 굴만 보고 내려오는 길이라 했다. 잘 가라고 응원은 했지만 눈 산을 오면서 아이젠이 없다고? 큰일 날 일이다. 더구나 혼자….

오수자 굴에서 주능선까지 1km! 굴을 지나니 더욱 가파르다. 태양은 이미 정오를 넘어섰다. 따뜻한 날씨에 눈이 녹아 질척거린다. 그러나 아이젠의 위력이 대단하다. 이렇게 미끄러운 산길을 거침없이 올라도 끄떡없으니 말이다. 하늘은 푸르고 푸르러 나무 끝에 놀고, 하얀 눈은 나무 그림자와 어울린다. 하얀 숲속에 웅크린 추위를 햇볕이 몰아내고 있다. 봄빛 같은 따스함이 춥고 메마른 숲속을 맴돈다.

주능선에 올라섰다. 하늘이 뚫렸다.

중봉 전망대가 바로 위에 있고 그 너머 하얀 눈에 덮인 정상이 빼꼼히 얼굴을 내밀고 있다. 뒤돌아보니 장관이다. 스펙터클 그대로다.

중봉에 올라 천지를 조망할 제

짙푸른 하늘은 구름 한 점 없다. 태양은 빛나고 켜켜이 둘러쳐진 능선은 갈매기 날개처럼, 대양의 파도처럼 시선을 멀리멀리 끌고 간다. 백두대간의 산맥들이 꿈틀거리며 흘러가고, 저 멀리 가물가물 안개 위로 치솟은 2개의 산군! 저게 무슨 산일까. 한 줄기의 능선으로 연결된 것으로 보아 아마도 지리산이 아닐까. 망원카메라로 촬영해봤더니, 아뿔싸 지리산이다. 지리산의 천왕봉과 반야봉의 백리 능선이 틀림없다.

뜻밖의 발견이요 기쁨이며 놀라움이다. 고봉(高峰)은 고봉끼리 통하는구나! 긴 하늘선을 긋는 그 멋진 능선을 바라보며 나는 꿈을 꾸고 있었다. 왼쪽 산군(山群)은 천왕봉과 중봉 그리고 촛대봉이 뚜렷하고, 오른쪽 산군에는 특유의 엉덩이 반야봉과 노고단이 확연하다. 이런 장대한 광경을 덕유산에서 보다니! 지리산 백리 능선! 쾌재를 불렀다.

아내와 하이파이브를 하고 중봉을 거쳐 정상으로 행진하는데, 아니 이 사람이 누구야! 아침에 만났던 그 사람, 인천 사람이 아닌가. 나는 그의 실력으로 보아 오수자 동굽이에서 만날 줄 알았는데…. 그게 아니고 산장에 들러 라면 한 그릇 사 먹고 슬슬 오는 길이란다. 내려갈 때 미끄럼 조심하라 했더니, 그는 우리 보고 오히려 조심하란다. 손 흔들며 헤어졌다. 산에서 만나는 사람은 그렇다. 등산길에 관한 정보 교환하고 간식도 나누어 먹고 격려도 하지만, 이름도 성도 모르고 헤어진다. 그것이 산을 좋아하는 사람들의 생태인지도 모른다.

굽이굽이 이어지는 정상 길은 환상의 길이다. 고목과 주목 그리고 하얀 눈과 푸른 하늘이 어우러지는 아름다운 정원 같다. 마치 꽃동산에 뛰노는 아이들 같이 껑충껑충 뛰며 즐기는 동심의 길이다. 산장에 들러 호빵과 당귀차 한잔을 음미하며 태양을 즐긴다.

정상인 향적봉은 밋밋한 봉우리다. 해발 1614m! 세상이 모두 발 아래다. 정상 일대는 등산객들로 붐빈다. 눈을 좋아하는 그들이다. 마침 태양이 좋아 느긋하게 풍치를 즐긴다. 추위와 급경사를 무릅쓰고 등정한 그들에게 찬사를 보낸다.

나는 끝내 눈꽃을 보지 못했다. 눈은 모두 땅에 있고 나무들은 따뜻한 햇볕 아래 삭풍을 희롱한다. 그러나 360도 코발트 빛 하늘과 능선들이 연출하는 웅장하고 감미로운 모습은 실로 경외(敬畏)의 마음이 든다.

꿩 대신 닭이라더니 눈꽃 대신 지리산 백리 능선을 보았노라, 덕유산에서….

(2014년 1월 24일)

11 노루목과 반야

전설에 의하면,

아주 오랜 옛날에 지리산에는 천신의 딸 마고할미(麻姑, 老姑)가 살았다고 한다. 그녀는 불도를 닦기 위해 지리산으로 들어온 도사 반야를 만나 혼인을 했다. 반야와 마고할미는 천왕봉에 기거하면서 딸 여덟을 낳고 잘 살았다고 한다. 그러다가 반야는 불도에 더욱 정진하기 위해 반야봉으로 들어갔다. 마고할미는 장성한 딸들을 8도에 내려 보내 무속신앙을 전파시키게 했다. 혼자가 된 마고할미는 반야가 보고 싶고 그리워서 견딜 수가 없었다. 나무껍질을 벗겨 반야의 옷을 만들어놓고 반야가 오기를 기다렸다. 오지 않는 반야를 기다리며 외롭게 살다가 결국 반야의 옷을 갈기갈기 찢어버리고 말았다. 마고할미도 결국 쓸쓸히 죽고 말았다. 그러나 그 옷 조각들이 바람에 날리어 반야봉으로 날아가 반야풍란이 되었다고 한다.

중산리 천왕사에 보존된 마고할미 조상

* 노고단은 마고할미를 기리기 위해 단을 쌓고 제사 지내는 곳이다.

노루목 앞 바위의 뷰포인트

⟨해설⟩

반야가 마누라와 딸 여덟을 데리고 천왕봉에 살아보니 행복했다. 천하를 발 아래 내려다보고 사니 매일 매일이 시원하고 뿌듯했다. 천하명품 천왕봉 일출은 언제 보아도 신비스럽고 장관이었다. 일출을 보기만 해도 저절로 우주의 원리를 깨닫는 것 같았다. 그러나 시끄럽고 분답하여 하루도 편할 날이 없었다. 장터목에 시장이 열릴 때 바다 딸들이 들락거리며 장사 흉내를 내는가 하면 탐욕에 젖은 속세의 유혹에 물들어갔다. 더구나 왈가닥이 딸들이 들락거리며 통천문 여닫는 소리가 마치 천둥, 벼락치는 소리 같았다. 통천문은 문과 문틀이 맞지 않아 열고 닫을 때마다 삐거덕거리는 소리가 요란하여 도저히 정신 집중을 할 수가 없었다. 결국 반야는 불도를 더 공부하기 위해선 천왕봉을 떠나야 한다고 결심했다.

반야봉으로 들어간 반야는 기분이 좋았다. 툭 터진 전망에 가을 단풍은 비단결 같이 풍성하고 아름다웠다. 특히 반야봉에 석양이 내릴 때는 그 황홀함이 이루 말할 수 없었다. 빛과 구름의 조화에 매일 보아도 또 보고 싶었고. 가만 보고만 있어도 지혜가 샘솟는 듯했다.

반야봉에서 보는 가을경치

    그러나 문제는 화개장이었다. 천왕봉 밑의 장터목처럼 화개재에도 물물교환 시장이 열렸다. 그 사나운 상인들의 고함소리와 술타령이 심심산천에 울려 퍼졌다. 그로 하여 시끄럽고 어수선한데 토끼봉에 사는 토끼들이 임걸령 샘에 물 마시러 간다고 떼를 지어 반야 기슭을 넘나드는가 하면, 돼지령에 살고 있는 돼지들은 거꾸로 화개장 구경한다고 꿀꿀거리며 들락거리니 천왕봉에 살 때와 다를 바 없었다.

    고민 끝에 반야는 온순하고 말 잘 듣는 노루를 불렀다. 그리고 반야봉 길목을 지키게 했다. 키 크고 눈이 부리부리한 노루는 토끼와 산돼지를 잘 감독하여 반야가 공부하는 데 좋은 환경을 만들어주었다. 통행 정리가 잘되자 노루는 큰 바위에 앉아 낮잠을 즐겼다. 낮잠 자는 틈에 토끼와 돼지들은 무시로 들락거리며 소란을 피운다. 견디다 못한 반야는 안식처를 찾아 어디론가 떠나고 말았다. 반야의 소재를 아는 사람은 아무도 없다. 그리고 아직 나타나지 않고 있다.

반야봉 정상

　오늘날 노루가 지키던 그 길목을 노루목이라고 하는데, 그 앞에는 큰 바위가 하나 있다. 바로 노루가 낮잠 자던 바위다. 그 바위에 서면 노고단을 비롯한 지나온 능선이 웅장하게 펼쳐진다. 그러다가 반야가 그리워지면 반야봉으로 올라가면 된다. 노루목은 임걸령 샘과 삼도봉 사이에 있는데 오늘날 산객들의 훌륭한 쉼터가 되고 있다.

　(이상 필자의 어설픈 해설이었다.)

12 반야봉은 지리산의 보배다

천왕봉이 지리산의 상징이라면 반야봉은 지리산의 보배다.

마테호른은 알프스의 보배다. 한 덩어리의 뾰족한 바윗돌이 알프스의 보배라면 반야봉은 엉덩짝처럼 둥그스름하게 생겼지만 지리산의 보배다. 마테호른과 반야봉은 모양은 서로 다르지만 그들이 속한 산군(山群)에서 확실한 자리를 굳히고 있음이 틀림없다.

알프스의 마테호른(스위스)

지리산의 주능선은 동서로 뻗어 있다. 주능선의 동쪽 끝은 천왕봉이요 그 서쪽 끝은 노고단이다. 반야봉은 노고단에 치우쳐 주능선에서 벗어나 약간 북쪽으로 돌출되었다. 봉우리 2개가 연이어 뻗어나갔는데 그 높이가 해발 1,732m로서 지리산 제2봉에 손색이 없다. 아주 웅장한 산세를 자랑한다. 돌출과 쌍봉과 높이가 삼합(三合)이 되어 지리산의 명물로 재탄생한 것이다.

노고단에 올라 종주 능선 진행 방향으로 보면 건너편에 봉우리 2개가 손에 잡힐 듯 딱 버티고 섰다. 반야봉이다. 이른 아침 안개구름이 정상을 노닌다. 아침 햇빛을 받으니 한없이 아름답다. 종주 길에 들어서면 시야가 열릴 때마다 반야봉이 보인다. 그런데 볼 때마다 그 자리다. 가까워지지도 않고 그렇다고 멀어지지도 않는다. 그래서 반야봉은 신기루다. 반야봉 갈림길인 노루목까지 4.5km를 가는 동안 신기루와 숨바꼭질을 한다. 이 또한 재미있다. 노루목 앞 바위에 서면 전망이 좋다. 지나온 능선이 굽이굽이 펼쳐진다. 웅장하고 아름다운 지리산 능선을 처음으로 보면서 감탄하게 된다.

반야봉은 노루목 갈림길에서 북쪽으로 난 오솔길을 따라간다. 경사가 급하여 힘들다. 그래서 중간에 삼도봉으로 빠지는 삼거리에다 배낭을 벗어두고 가볍게 오른다. 그러다가 왼쪽으로 방향을 틀면서 내려갔다가 다시 오른다. 이것이 바깥 봉우리다. 구상나무가 멋있게 자랐다. 시야가 열리면서 감탄사가 튀어나올 정도의 멋진 풍경이 펼쳐진다. 철사다리를 오르면 정상이다. '般若峰(반야봉)'이라 음각된 표지석이 기다리고 있다. 전망이 장관이다. 산도 바다도 세속도 내려앉았다. 그래서 '반야봉 석양'을 지리산 10경 중 하나에 꼽는다. '천왕봉 일출'과 '노고단 운해' 다음 제3경이다. 그러나 반야봉 석양을 보는 것은 쉽지 않다. 석양을 보고 연하천이나 노고단으로 가야 하는데 거리가 만만치 않기 때문이다.

촛대봉 일출때의 반야봉

반야봉 능선 자락에 솟은 삼도봉(해발 1,550m)은 관광 명소다. 우선 펼쳐지는 수해(樹海)에 놀란다. 놀라기보다는 감탄한다. 이렇게 광활한 숲의 바다를 일찍이 본 적이 없다. 너른 바위 언저리에 앉으면 숲에서 눈을 뗄 수가 없을 뿐 아니라 엉덩이를 털고 쉽게 일어날 수가 없다. 숲은 마음을 끄는 힘이 있다. 더구나 뒤돌아보면 반야봉에서 뱀사골로 흘러내리는 동쪽 사면은 가을이면 빨간 단풍이 비단결처럼 아름답다.

내가 어느 가을, 세석평전에서 노을을 촬영하기 위해 촛대봉에 올랐었다. 거기에도 반야봉이 있었다. 태양은 반야봉 좌측 노고단 근처로 넘어가고 있었다. 그런데 반야봉이 실루엣으로 떠올랐다. 반야봉은 미동(微動)도 하지 않고 지는 해를 바라보고 있었다. 노을은 치켜든 엉덩짝에 정감을 불어넣었다. 불교에서 일컫는 '반야(般若)'의 뜻인 '깨달음의 지혜'가 저로부터 나오는지도 모른다. 노을 진 반야봉은 정말 멋있고 신비롭다.

다음 날 아침 촛대봉에 다시 오르니 그땐 하얀 안개가 반야봉 허리를 감싸고 있었다. 구름 위로 솟구친 엉덩이가 정말 멋있다. 그래서 점점 반야봉을 좋아하게 되었나 보다.

촛대봉을 넘어 삼신봉과 연하봉을 오르는 동안 반야봉은 늘 지켜본다. 잘 가는지 못 가는지…. 가고 또 가도 뒤돌아보면 반야봉은 언제나 그곳에 있었다. 과연 신기루다. 삼신봉의 기묘한 바위와 구상나무는 반야봉을 한 단계 업그레이드 시켜준다. 구도만 잘 잡으면 작품 사진 하나쯤은 건질 수 있기 때문이다.

언젠가 장터목에서 일출을 맞은 적이 있다. 장터목 일출은 천왕봉 사면에서 일어났다. 마침 날씨가 좋아 제대로 떠오르는 태양을 볼 수 있었다. 낮게 깔린 구름 대와 쾌청한 하늘이 잘 조화를 이루어 프리즘을 통과한 빛의 향연이 신비롭다. 우주공간에 펼쳐지는 빨, 주, 노, 초, 파, 남, 보로 피어나는 빛의 아름다움에 어찌할 바를 몰랐다. 순간적으로 뒤돌아보니 아~ 그곳에 반야봉이 진작부터 기다리고 있었다.

장터목 일출 때의 반야봉

　가냘픈 아침햇살에 발그레 상기된 얼굴로 환하게 웃음 띠고 있다. 온화하고 인자하다. 엉덩이라는 생각은 간데없고 인격체로 떠오른다. 어리석은 사람이 머물면 지혜로운 사람이 된다는 지리산(智異山)의 이름이 이로 하여 생겼을까.

　어느 가을 해 질 무렵 제석봉 기슭에 있는 고사목 지대에 올랐었다. 낙조를 구경하기 위해서다. 장터목에서보다 더욱 완벽한 반야봉이 떠올랐다. 태양은 반야봉의 좌측 사면으로 넘어가고 있었다. 그런데 그 강렬한 빛이 반야봉을 오히려 산란시켜 카메라에 담기가 쉽지 않았다. 촛대바위에서는 실루엣으로 구도를 잡을 수 있었는데…. 이곳에서는 그것마저 어렵다. 그러나 고사목을 잘 활용함으로써 노을의 분위기를 살릴 수 있었다.

　이처럼 반야봉은 지리산 어느 곳에서든 보인다. 이는 높기도 하지만 주능선에서 돌출되어 있기 때문에 가능하다. 동서만 확인되면 남북은 그냥 나오는 것이 아닌가.

천왕봉에서 보는 반야봉

바다에서 길을 잃으면 하늘에 북극성을 찾는다는데, 지리산에는 반야봉이 있어 나침판이 없어도 자기 위치를 알 수가 있다.

천왕봉에 오르니 하늘은 휑하니 올라가고, 산맥들은 납작 엎드린다. 천하가 천왕봉 앞에 머리를 조아린다. 그런데 멀리 서쪽 하늘에 딱 버티고 일어선 것이 있으니 저게 뭘까? 치마도 벗어던진 엉덩이를 하늘 높이 치켜들었다. 아니 저것이 반야봉이 아닌가. 그렇다 반야봉은 천왕봉에서도 잘 보인다. 천왕봉이 장엄한 제왕이라면 반야봉은 부드러운 여인이다.

반야봉은 지리산의 숨은 보배임이 틀림없다.

(2014년 10월)

13 이럴 수가 있나

　10월 중순을 잡으려 했으나 산장 예약이 어려워 부득이 하순으로 잡았다.

　단풍을 못 보더라도 할 수 없는 일이지…. 그래도 지구온난화로 단풍이 늦을 수도 있으려니…. 희망을 가졌다. 시인 일행과 함께 남원에서 성삼재로 오르는데 정령치 넘어서니 화려한 단풍이 펼쳐진다. 이크! 저러면 안 되는데…. 1,000m도 안 되는데 단풍이 절정이면 1,500m 능선에는 끝났다는 불안감이 앞선다. 그나저나 날씨가 화창하여 노고단 산장에선 낙조를 즐겼다. 항아리를 닮은 아름다운 태양을 카메라에 담고 즐거워했다.

연하봉의 상고대

오랜만에 새벽을 서둘러 노고단 정상에 올랐더니 일출 시간이 약간 지났다. 아차, 이게 뭐람! 그래도 툭 터진 풍광에 가슴을 부풀리고 트레킹을 계속한다. 노고단 기슭을 돌아 야생화의 천국인 돼지평전을 지나도 흔적도 없다. 야생화는 물론이고 새소리도 단풍도 구경조차 할 수 없다. 오직 희뿌연 구름만이 하늘을 가릴 뿐이다. 한 주일만 빨랐어도 틀림없이 단풍을 보았을 텐데…. 이럴 수가 있나.

삼도봉에 오르니 뜻밖에도 구절초 한 그루가 바위틈에 피어 있다. 그래도 반갑다. 이 메마른 지리산에 예쁜 구절초가 웬 말이냐. 나와 눈 맞춤을 하더니 자기를 알아주는 사람이 있다고 좋아한다. 내일은 비가 온다는 소식인데 아무것도 보는 것 없이 비만 맞게 생겼다. 오, 통한의 시월 하순이여! 지리산에서는 때가 아니로다.

토끼봉을 힘들게 넘어서 지루한 명선봉을 꾸역꾸역 올라간다. 바위떡풀은 보겠지 하고 바위마다 눈길을 주었지만 쪼그라든 흔적만 남았을 뿐 역시 허사였다. 연하천 계단 길은 끝없이 내려만 간다. 무릎은 이런 데서 나간다. 앞으로 뒤로 번갈아 가며 내려간다. 저녁을 먹고 보니 하늘이 점점 어두워진다. 기분 나쁘게 음산하다. 바람 불고 춥고…. 기대를 걸었던 연하천 일출도 허사로다.

연하천에서 세석 산장까지는 거리로 봐서는 10km 정도지만 시간은 의외로 많이 걸린다. 벽소령 가까운 부분과, 선비샘에서 영신봉 구간이 제법 까다롭기 때문이다. 그래서 오늘은 좀 일찍 출발했다. 조금씩 내리는 비가 쉬 그칠 것 같지 않아서 우의를 차려입고 채비를 단단히 했다.

삼각봉을 오르는데 빗방울이 굵어진다. 비닐봉지로 등산화에 커버를 씌웠다. 양말이 단벌이라 젖으면 곤란하기 때문이다. 꽃도 단풍도 전망도 없으니 시선이 머무를 곳이 없다. 그래서 앞만 보고 걷는다. 피곤하고 힘들어도 비에 젖어 앉아서 쉴 곳이 없다. 또닥또닥 빗방울만 숲속의 정적에 소리를 불어넣는다. 가을비에 흠뻑 젖은 지리산은 영혼마저 빼앗기고 있다.

공사 중인 벽소령 산장 임시 매장에서 초코파이 하나를 사서 먹고는 선걸음에 덕평봉을 오른다. 비는 그칠 줄 모르고 등산로는 벌써 물구덩이가 되었다. 철벅 철벅…. 기온은 내려가서 비옷을 입었는데도 추워 겨울용 패딩을 꺼내 입는다. 선비샘에서 요기를 하고 가파른 능선을 치고 오르는데 등산화가 이미 젖어 질컥질컥…. 얼굴을 타고 내리는 빗물을 계속 훔치면서 걷는다. 그래도 비만 그쳐봐라, 안개구름이 지리산을 아름답게 수놓을 테니…. 희망을 걸어본다. 그러나 끝내 희망은 물거품이 되고 빗속에 세석 산장에 이른다. 어쩌면 하루 종일 빗속을 걷다니…. 이럴 수가 있나.

취사장이 말이 아니다. 모두들 우의를 입고 들락거리면서 취사를 하니 바닥은 물 범벅이다. 오늘 저녁은 햇반으로 때웠다. 실내에 들어오니 산객들이 옹기종기 모여 내일 천왕봉 일출 보러 간단다. 그러지 말고 촛대봉 일출이나 보라고 훈수를 했다. 일출 못 볼 것이 거의 확실한데 천왕봉까지 먼 거리를 새벽에 고생할 필요가 있겠느냐. 그랬더니 촛대봉이 어디냐고 묻는다. 이 사람들이 지리산에는 아주 초짜로다. 그들이 소망을 갖는 것 보니 혹시 날씨가 좋아지려나…. 나도 희망을 떠올리며 잠자리에 든다.

새벽같이 일어나 공복에 헤드 랜턴을 켜고 행군을 시작했다. 다행히 비는 오지 않았지만 바람과 안개가 밤하늘을 살벌하게 휘젓는다. 혹시나 하고 촛대봉에 올랐으나 역시나였다. 어제저녁의 그 젊은이들도 아무도 보이지 않는다. 우리는 바로 사면을 내려가고 있었다. 삼신봉을 넘어 연하봉으로 이어지는 그 아름다운 능선이 아무 소용이 없다. 을씨년스런 겨울이다. 전망도 따스함도 휴식도 없다. "이럴 수가 있나."만 연발하며 연하봉을 오르는데 느닷없이 바람에 날려 온 모래가 볼을 때린다. 가만 보니 좁쌀 같은 우박이다. 따끔따끔하다. 장갑 낀 손으로 볼을 가리며 고개를 돌려 행군한다. 그런데 안개가 잠깐 걷힐 때 보니 희끗희끗 상고대가 피어나고 있었다. 그러나 그런가 보다 했다.

장터목 산장에서 늦은 아침 겸 점심으로 떡라면을 끓여 먹었다. 그리고 깔딱 고개를

눈보라치는 통천문

풀잎에도 설화가

힘겹게 오른다. 이곳은 언제나 힘이 드는 곳이라 참을 수밖에 없다. 제석봉 기슭의 고사목 지대에 다다르니 나무는 물론 풀잎마저도 상고대가 옷을 입었다. 예쁜 새 옷이다. 예감이 좋다.

통천문 아래서 많이 기다렸다. 내려오는 사람이 많기도 하지만 미끄러워 속도를 내지 못하기 때문이다. 아무도 아이젠을 준비하진 못했을 것이다. 그들은 한결같이 저 위에는 말도 못하게 좋다고 야단이다. 와, 내가 드디어 지리산 천왕봉 눈꽃을 보게 되는구나. 나는 긴가민가하면서도 쾌재를 불렀다. 우박도 우박이려니와 추워서 못 살겠다. 모두들 방한복에 우의마저 꺼내 입는다. 우의는 훌륭한 방풍과 보온 기능이 있다.

통천문을 통과하여 급경사 바윗길을 엉금엉금 기어오른다. 싸락눈 알갱이는 연신 뺨을 후려치지만 경치만은 환상적이다. 그 멋쟁이 구상나무가 두툼한 눈을 뒤집어쓰고 야웅한다. 볼품없는 키다리 고목마저 하얀 옷으로 변신을 했다. 고목도 눈옷을 두

죽었던 고목의 화려한 환생

텁게 입으니 그렇게 멋질 수가 없다. 벗겨지고 찢긴 가지들이 조형물로 다시 태어난다. 싸락눈뿐 아니라 상고대에 함박눈까지 합동 작전인가 보다. 천왕봉 일대는 빙설 예술품 전시장이 되었다. 눈꽃이면 다 같은 눈꽃이며, 상고대면 다 같은 상고댄가. 지리산 천왕봉의 눈꽃이요, 상고대 아닌가. 아직 10월인데…. 이건 기적이다. 내 일생일대의 기적이다. 악천후 3일에 마지막 찬스에 웃다니! 정말 이럴 수가 있나.

정상엔 강풍이 정신없이 몰아치고 뿌연 하늘엔 아무것도 보이지 않는다. 덕유산도 반야봉도 눈보라에 사라졌다. 정상에서 커피 한잔하자던 일행과의 호사는 간데없고 바위 구석을 찾아 바람부터 피한다. 아껴두었던 단감 하나를 나누어 먹고 법계사 쪽으로 발길을 내린다. 아이젠이 없으니 내리막길은 그야말로 악몽이다.

철계단을 내려오던 중 한 젊은이가 철계단 눈에 쭉 미끄러지는 게 아닌가. 얼떨결에 "잡아라!" 하고 내가 소리치니 아래에 있던 사람이 재빠르게 진로를 막아섰다. 하마터면 뻥 뚫린 난간 사이로 휙 빠져나갈 뻔했다. 그리고 조심조심 내려오는데 초등생 아들을 데리고 온 한 젊은 청년이 경사면에서 쭉 미끄러졌다. 엉덩방아를 크게 찧고 벌떡 일어나더니, "니 내 봤재, 잘못하면 이렇게 미끄러진데이, 큰일 나는 기라." 하더라.

"이럴 수가 있나!"라는 절망적인 감탄사는 해피엔드로 끝을 맺었다.

(2018년 10월, 열여섯 번째 지리산 종주)

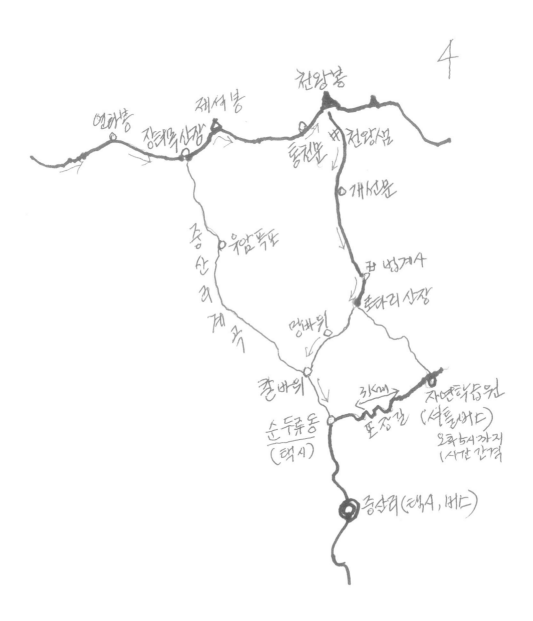

천왕봉

연하봉   제서봉   통천문   천왕사물

장터목산장   개사물

중산리   우암폭포   곰 법계사

토따리 산장

맹바위

콜바위   기수에   자연학습원 (셔틀버스)
포장길   오후 5시까지
순두류동   1시간 간격
(택시)

중산리(택시, 버스)

14 비에 젖나 봐라

비가 내리네
비가 내리네
삼각봉 지나
벽소령 너머

소리 들리네
소리 들리네
숲 때리는 빗방울 소리
산모롱이 돌 때마다
가는 듯 오는구나

산유화는 향기를 멈추고
놀란 산새 노래를 멈추더니
바람마저 젖은 몸으로
갈 길을 멈추네

신발은 질척거리고
빗물은 얼굴에 도랑처럼 흐르고
지리산은 하염없이 비에 젖네
아~ 하루 종일
하루 종일

몸은 비록 젖고 젖어도

지리산 걷고 싶은 내 마음

비에 젖나 봐라

비에 젖나 봐라

(2018년 10월, 열여섯 번째 지리산 종주)

지리산 다 젖어도 내 마음은…

주제의 팁: 연하천 산장을 출발할 때부터 비가 내리더니 벽소령을 거쳐 세석 산장에 도착할 때까지 비가 내렸다. 종일… 앉을 곳도 쉴 곳도 구경할 것도 없더라. 그러나 지리산을 걷는 것만으로도 마음만은 즐겁더라.

15 한 송이 백합, 천왕봉

바람이 미쳤네

안개도 미쳤네

덩달아 싸락눈도 미치네

미치지 않고서야

태양을 휘감고 곤두박질 칠 수 있나

시월의 마지막 날

혼돈의 천왕봉

아비규환이네

미친 것들이 하나 둘 물러가니

펼쳐지는 천상의 세계

풀잎엔 새순 돋고

꽃은 허공에 피고

바위는 만물상 만들더니

구상나무 춤을 추네

아~ 축복이다

혼돈의 기적이다

천왕봉은 피어나네

한 송이 백합으로

(2018년 11월, 열여섯 번째 지리산 종주)

주제 팁: 참 기적이었다. 종주하는 3일 내내 바람 불고 비 오고…. 악천후였는데 하필 천왕봉에
오를 때 눈꽃이 한 송이 백합처럼 피어났다. 겨울 산행이 아니면 볼 수 없는 천왕봉 눈꽃…. 싸락
눈이 볼을 때려도 나는야 좋더라.

16 바위떡풀의 매력에 빠지다

바위에 붙은 동그라미.

내가 지난봄에 종주할 때 바위에 동그라미 이파리가 옹기종기 붙어 있는 것을 보았다. 뿌리나 줄기는 보이지 않고 잎만 붙어 있다. 참으로 신기하다. 마치 동화의 세계에 나옴직한 그림이다. 그것이 '바위떡풀'이란 이름을 가졌다는 것을 그 후에 알았다. 이파리의 모양이 예쁘기도 하지만 이름이 참 좋다고 생각했다. 아이들의 볼에는 밥풀이 붙고, 바위에는 떡풀이 붙는구나. 재미있다는 생각이 들었다. 더구나 그 앙증스러운 것이 꽃을 피운다니 정말 신기한 일이다. 그렇게 해서 결행한 것이 지리산 종주 열네 번째였으며 두 번째의 단독 종주 길이 되었다.

단풍을 위해선 10월이 좋을 것이 틀림없는데, 바위떡풀꽃을 위해선 너무 늦다는 생각이 들어 9월 말로 정했다. 꽃이 시들기 전에 사진을 찍겠다는 욕심에서다. 9월 26일에 혼자서 노고단으로 올라가는데 이슬비가 추적추적 내린다. 하늘은 어둡고 안개는 캉캉 춤을 추어대고…. 그러나 구절초와 취꽃만이 환한 얼굴로 반겨준다. 노고단 산장에서 저녁을 먹으며 눈 아래로 가라앉는 일몰을 즐기리라던 생각은 한낱 허황된 꿈이 되고 말았다.

새벽같이 일어났다. 산장의 새벽은 어수선하여 누워 있어도 잠을 잘 수도 없고 마음도 편치 않아서다. 비는 그쳤지만 안개는 자욱하고 하늘엔 구름이 잔뜩 끼어 있다. 그 웅크린 하늘 모습을 보니 쉽게 풀어질 것 같지도 않았지만 일찍 출발하고 볼 일이다. 혼자라 단출하여 마음이 가볍다. 시간은 행군의 몫이다. 노고단 고개에서 구름에 덮인 반야봉 한 번 쳐다보고 곧장 종주 길로 들어선다.

그런데 느닷없이 나타난 것이 투구꽃
이다. 내가 투구꽃을 처음 본 곳이 지리
산이다. 그땐 토끼봉을 넘어갈 때였다.
그런데 오늘은 들어서자마자 나 보란 듯
나타나다니…. 아직 날이 완전히 밝지
않아서 사진 촬영에는 어려움이 있었지
만 계속 촬영을 했다. 언제 사라질지 모
르니까.

투구꽃

돼지평전의 양지바른 경사면을 오르
니 구절초와 산오이풀이 길섶에 마중 나
와 눈인사를 한다. 산오이풀은 늦가을
을 넘기기 힘든 듯 강아지풀처럼 성글고
늘어져 있다. 그러나 이곳에 이르러 구
름이 걷히면서 산골짜기엔 운해가 아름
답게 피어오르기 시작한다. 야생화와 운
해, 천상의 구름화원이다. 아침 햇빛을
받아 하얗게 빛나는 꽃구름을 보니 이번
종주에 서광이 비치는 듯하다.

물봉선꽃

돼지평전은 봄에는 철쭉 밭이 된다.
숲이 없는 바윗길이라 아마도 일조량이
많은 듯 이런저런 꽃들이 많다. 빨간 물
봉선을 발견한 곳도 이곳이요, 아주 상

용담초꽃

큼하고 예쁜 흰진범을 찾아낸 곳도 이곳이다. 흰진범은 일종의 독초지만 그 생김새만
큼은 하얀 오리를 닮아 신기할 정도로 깜찍하고 예쁘다. 2종류의 야생화를 발견하고

는 마음이 흐뭇하다.

임걸령 샘을 거쳐 삼도봉에 올라 바위에 앉아 숲의 바다를 내려다보며 한때를 즐긴다. 오늘은 반야봉도 오르지 않는 데다 연하천 산장까지로 되어 있으니 마음이 느긋하다. 화개재에서 라면 하나 끓여 먹고 토끼봉으로 오른다. 투구꽃은 계속 따라오고 또 진작부터 나타난 용담초가 끈질기게 따라붙는다. 용담초는 언젠가 벽소령에서부터 보았는데 이번에는 일찍부터 나타났다.

그런데 투구꽃도 용담초도 가을꽃인데 남색 계열이라 남색 꽃이 추위에 강한 것은 아닌가 생각해본다. 이 추운 지리산 능선에서 늦가을까지 번성하니 말이다. 그러나 용담초는 아무리 찾아보아도 꽃이 피어 있는 것을 보지 못한다. 피지 못한 봉오리만 쫑긋쫑긋 모여 있다. 결국 개화하지 못하고 시들어버리는 것은 아닌지 궁금하다.

과거에 나는 토끼봉을 넘어가며 야생화를 보는데 재미를 많이 보았다. 그래서 오늘도 매의 눈으로 길섶을 살피며 오른다. 토끼봉 역시 양지바른 데다 숲이 울창하지 않아 꽃씨 식물들이 많이 자라는 것이 아닐까. 언젠가 이곳을 오르며 이질풀을 보았는데 오늘은 아무리 찾아보아도 없다. 정상 가까이 이르렀을 때 내 눈에 기적처럼 들어온 이질풀. 연분홍색 동그라미 다섯 잎이다. 중국 동태항산에서 처음 본 후로 이곳에서만 두 번을 보는 셈이다.

토끼봉을 넘어 연하천 산장으로 가는 마지막 오르막 철계단 앞에 다다랐다. 과연 어떻게 되었을까? 지난봄에 이 철계단 옆 바위벽에서 바위떡풀을 처음 보았는데 아직도 그때의 그 야릇한 바위떡풀을 생생하게 기억하고 있기 때문이다. 약간 축축하면서 이끼가 낀 그 넓은 바위. 아니나 다를까 바위떡풀이 온통 꽃을 피우고 있었다. 잎은 작고 바위에 붙었는데 갈색의 꽃대를 길게 뽑아 가지를 내면서 꽃을 피웠다. 마치 깃대 꼭대기에 태극기 휘날리듯…. 깃대를 서로 뺏는 소꿉놀이를 하는 듯하다. 꽃과 잎의 위치가 족두리꽃과는 정반대의 구조가 아닌가. 여하튼 종족 번식에 대한 그 작은 생명들의 아이디어와 번식력에 놀라지 않을 수 없었다. 계단을 오르내리면서 촬영에 열

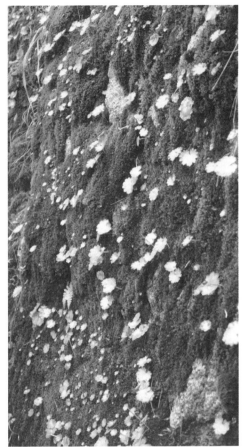

이끼 낀 바위에 붙은 바위떡풀(봄)　　　　　　춤추는 바위떡풀(가을)

중한다. 회심의 미소가 저절로 새어나온다. 그러나 꽃이 예쁘거나 화려하지 않아 벌나비를 유인하는 데는 아무래도 미흡하다는 생각이 머리를 스친다.

　다음 날 연하천 산장을 나서는데 경쾌한 걸음이다. 오늘은 어떤 사진을 찍게 될까. 그러나 어제와 같은 꽃들만 반복된다. 특히 용담초와 투구꽃 그리고 산수국이다. 산수국은 그렇게 예쁘거나 화려하지는 않지만 무리를 이루면 볼 만하다. 그러나 바위떡풀이 계속 나의 욕구를 만족시켜준다. 바람 잘 날 없는 산속에 그 가냘픈 꽃을 찍는다

취꽃

흰진범꽃

산오이풀

는 게 쉬운 일이 아니었다. 좋은 앵글을 찾느라 시간을 물 쓰듯 한다. 그런다고 내가 무슨 식물학자나 사진작가도 아닌데…. 그러나 바위떡풀은 약간 습하면서 바람이 잘 통하는 길목에 잘 번식한다는 사실을 터득했다. 바람이 잘 통하는 곳엔 바위떡풀이 많으나 그 흔들림 때문에 촬영에는 최악의 조건이다.

세석 산장에 하룻밤을 자고 촛대봉 일출을 결행했다. 새벽같이 일어나 아침을 굶고 바로 촛대봉으로 향했다. 좋은 일출을 감상했다. 특히 나의 발가락이 일출을 구경하도록 배려하는 여유를 부려본다. 종주하느라 매번 고생만 시켰기 때문이다. 등산화를 벗고 양말도 벗고 발가락을 드러냈는데, 앉아서 찍으려니 태양과 발가락이 일직선이 되지 않았다. 완전히 드러누워야 했다. 목 고개는 또 세워야 하고…. 주위에 사람도 많은데….

연하봉을 오르는 길에 눈이 번쩍 뜨이는 큰 경사가 났다. 바로 용담초의 활짝 핀 꽃을 본 것이다. 종주 길에 수백 송이의 봉오리를 보았지만 이렇게 활짝 핀 것은 처음이다. 내가 촬영을 시도하니 지나던 산객들이 관심을 나타내며 꽃 이름을 묻기도 하고 사진도 찍어 댄다. 정말 속이 후련한 장면이다. 그런데 이상한 것은 그 주위에 다른 용담초가 많은데도 모두가 봉오리 상태다. 활짝 핀 것은 오직 그 한 그루, 3송이 뿐이더라.

힘겹게 천왕봉에 올랐다. 언제나처럼 천왕봉은 붐볐다. 오르고 내리고, 사진 찍고, 점심 먹고…. 기념사진 찍느라 모두가 바쁘다. 인증 샷을 위한 긴 줄이 좁은 천왕봉 바위꼭대기에 생겼다. 부득이 한편에 드러누워 나도 인증 샷을 날렸다. 하늘엔 흰 구름이 흐르고, 그동안 종주 능선에서 보았던 야생화들이 미소 띤 얼굴로 스크린 되어 지나간다. 그들이 있었기에 외로운 단독 종주도 때로는 즐겁고 행복할 수 있어 기쁘다. 지리산 가을 야생화를 즐기려면 10월보다는 9월 말이 좋구나. 천왕봉과 작별을 고하고 법계사로 내려간다.

(2017년 9월, 열네 번째 지리산 종주)

본 수필에 나오는 야생화를 보시려면 나의 블로그인 〈깃털 같은 자유를 찾아(http://blog.daum. net/cairopharm)〉에서 지리산을 찾아보세요.

17 까-짓 꺼

나는 겹겹이 베일에 싸여
들을 수도 볼 수도 없다
그러나 성능 좋은 안테나가 돌출되어
주변 경치를 샅샅이 감지할 수가 있다
나는 그 안테나가 넘어지지 않도록 안간힘을 쓰고 산다

내가 사는 곳은 비좁고 어둡다
몸은 샌드위치가 되어 자유롭게 움직일 수도 없다
냄새는 또 얼마나 지독한지 인고의 시간을 보낸다
그래도 불평 한 번 하지 않고 산다
지리산 종주라도 하는 날이면 나는 몸살이 난다
짓눌리고 찍히고 채이고 퍼렇게 멍이 든다
그래도 시원한 계곡물에 몸이라도 담그면
그 싱그러운 자연을 보며
쌓였던 불만은 일시에 사라진다
그래서 비명 한 번 지르지 않고 산다

나에게도 꿈이 생겼다

지리산 제1경

천왕봉에 올라 베일을 벗고 해돋이를 보는 꿈

가운뎃발가락의 어이없는 소망이다

까ㅡ짓 꺼 들어줘야지!

(2017년 9월, 열네 번째 지리산 종주)

모티브: 지리산 종주를 여러 번 하면서 발가락이 참 고생한다는 생각을 갖게 되었다. 그래서 그 보답으로 지리산 제1경인 천왕봉 일출을 구경시켜 주어야겠다고 생각했다. 기회가 쉽게 오지 않아 대신 촛대봉 일출을 구경하게 된 것이다. 일출의 그 북새통에 바위에 드러누워 사진 찍느라 애를 먹었다. 카메라와 일출 선상에 발가락을 올려야 하니 쉽지 않았다.

18 바위떡풀

달도 아닌 것이
별도 아닌 것이
바위에 밥풀처럼 붙었는데
보면 볼수록 웃음이 나요

앉지도
서지도 못하고
고개도 들지 못하면서
동그라미만 그리고 있어요
잔잔한 호수에
빗방울이 만드는 동그라미가 좋아
올록볼록 동그라미만 그리며 살아요

흙도
물도
햇빛마저 없지만
바위가 살아온 이야기 듣느라
귀를 대고 있는 거래요

주제의 팁: 바위떡풀은 지리산 종주하면서 우연히 눈에 들어왔다. 이끼도 아닌 것이 풀도 아닌 것이 재미있다고 생각했다. 가을에 다시 가니 꽃대를 길게 뽑아 신나게 깃발을 날리고 있었다. 바위에 붙어 동그라미를 그리고 있는 모습이 신기하다.

19 바래봉, 지리산이 품은 알자리

바래봉이라 하면 철쭉이다.

그런데 이 한겨울에 바래봉을 가잔다. 시골 동네 산꾼들의 제안이다. 겨울에 무슨 바래봉을 가냐고 했더니 눈꽃이 좋단다. 나는 화들짝 놀랐다. 눈꽃? 그럼 가야지 했다. 왜 나는 눈꽃이라면 사족을 못 쓰는가.

언젠가 봄기운이 완연한 늦은 3월에 고향 집엘 내려가는데 덕유산 휴게소에 잠깐 쉬어가게 되었다. 마침 눈발이 휘날리더니 눈꽃이 피어나는데 휴게소에 있는 나무가 화려한 벚꽃나무로 변했다. 뿐만 아니라 덕유산이 하얗게 물들어갔다. 이 아름다운 춘설을 두고만 볼 것이냐. 당장 어묵 꼬챙이 2개를 샀다. 내일 점심이다.

그렇게 하여 다음 날 새벽같이 일어나 홀로 덕유산을 올랐었다. 그러나 눈은 땅에만 있고 진정 눈꽃은 흔적도 없더라. 아니, 하룻밤 새 이렇게 변해버리다니. 춘설은 못 믿어⋯. 크게 실망한 적이 있었다. 또 그럴 테지 하면서도 따라 나섰다.

바래봉은 전라북도 남원시 운봉읍에 소재한다. 경남 함양과 남원 사이 인월에서 남쪽으로 지리산을 향하여 들어간다. 바래봉 주차장인 운봉 용산주차장을 통과하여 좁은 산길을 더 올라가니 막다른 지점이다. 산비탈 좁은 공간에 간신히 주차하고 산행을 시작한다.

처음엔 넓고 평탄한 운지사 길을 따라 진행하다가 등산로로 접어든다. 아이젠을 착용하고 비탈길을 오른다. 적설량이 많은 데다 응달진 숲속이라 공기도 차고 적막이 흐른다. 쉬엄쉬엄 오르는데 힘들어도 앉아서 쉴 곳은 없더라. 그런데 소나무가 장관

구상나무 조림 지역

이다. 굴밤나무 같은 잡목은 보이지 않고 온전히 소나무다. 내가 좋아하는 적송이다. 솔향이 넘실거린다. 재선충에 신음하는 소나무 하나 없고 솔잎은 창포에 물들인 듯 바다처럼 푸르고 싱싱하다. 기분 좋은 산행이다.

2시간 가까이 오르니 넓은 임도가 나타났다. 임도에 올라서니 햇빛이 찬란하다. 응달과 양달의 차이가 극명하다. 이 임도는 봄이 되어 철쭉이 만발하면 상춘객들이 손잡고 오르는 길이란다. 이제 임도를 따라 서서히 오른다. 바래봉 정상을 어림하며 걷는다. 정상으로 향한 쭉 뻗은 임도가 눈이 두터워 마치 스키장 슬로프 같다. 포근한 햇빛을 받으며 눈길을 걷는 것도 재미있다. 드디어 삼거리에 닿았다. 이 삼거리란 정상으로 가는 방향과 철쭉 군락지로 유명한 팔랑치로 가는 갈림길이란다. 팔랑치 0.9km라는 이정표가 세워져 있다. 팔랑치를 거쳐 세걸산으로 해서 결국 정령치로 이어지는 서북능선이다. 이곳에 올라보니 치(峙)자가 들어간 산봉우리가 많아 기이하

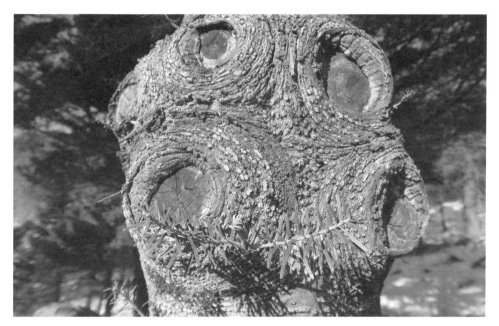
외계인은 구상나무로부터

다. 정령치, 세동치, 팔랑치, 부운치 등이 그것이다. 이러한 이름은 마한, 진한, 변한 등 삼한 시대의 지명으로부터 유래한 것이 아닌가 추측해본다. 그렇다면 무려 2천 년 전부터 불려오는 이름이라. 정말 유서 깊은 이름이요 산이다. 다른 곳에 이와 같은 이름이 남아 있는 곳이 없지 않은가. 치(峙)는 봉(峰)보다 작은 꼭대기를 말하는 듯하다.

갈림길을 지나고 나니 분위기가 일신한다. 새 땅에 새 하늘이다. 완만한 경사면엔 구상나무와 주목을 식재하여 멋진 숲을 이루었다. 그러고 보니 바래봉이 왜 설경이 좋은지 알 듯하다. 정상 근처에는 주목을 식재했다. 그 둥치의 크기로 보아 아마도 몇 십 년은 된 듯하다. 이런 노력과 모습을 보니 나도 기분이 좋다. 그런데 정상 바로 아래 숲 언저리에 샘물이 콸콸 흘러나오고 있지 않은가. 정말 멋진 샘이다. 수량도 많아 반야봉 아래에 있는 임걸령 샘을 연상케 한다. 알고 보니 이 바래봉 샘은 지리산 3대

중앙에 서북 능선이 용트림한다

정상에 오른 필자

샘 중 하나라고 한다. 지리산 종주 선상에 있는 임걸령 샘과 덕평봉 아래의 선비 샘, 그리고 이 바래봉 샘이란다.

　샘 근처에 자리를 잡고 눈 위에 퍼지르고 앉아 라면으로 파티를 한다. 나는 아무것도 준비를 못 했는데 진수성찬이다. 구상나무 숲속의 설상 만찬이다. 분위기 좋다. 그리고는 정상으로 올라간다. 좌측으로 틀어서 정상으로 오르는데 그 경사면이 꼭 마음씨 좋은 이웃집 아저씨 등판 같더라. 어렵지 않고 친근감이 있고 든든하고…. 바래봉의 바래는 원래 스님들의 밥그릇인 바리때(발우)를 일컫는 말이라고 하는데, 바리때를 엎으면 바래봉 모양이 되는 것은 맞는 말이다. 다분히 불교적인 냄새가 난다. 그러나 운봉 사람들은 삿갓봉이라 부른다고 한다. 바리때나 삿갓이나 비슷하지 않는가.
　정상까지는 나무 계단으로 연결했는데 계단을 오르며 뒤돌아보니 반야봉이 우람하다. 반야봉 엉덩이가 작은 것을 보니 각도가 비스듬하기 때문이리라. 그리고 구상나무 숲이 하얀 설산에 싱그러운 푸름을 자랑한다.

정상에 올라서니 눈에 익은 표지석이 반겨준다. 360도 풍치가 좋다. 서쪽으로는 운봉읍이 마치 평야처럼 넓게 내려앉았고 동북쪽엔 인월(引月)이 산속에 잠들었다. 그런데 산이 문제로다. 남쪽으로부터 동쪽까지 산들이 병풍을 둘렀는데 뭐가 뭔지 알 수가 없다.

마침 산세 안내판이 있어 자세히 비교해보니 와— 이게 노고단에서 천왕봉까지…. 지리산 종주 능선이 한눈에 들어온다. 정령치에서 세걸산 팔랑치를 거쳐 이곳에 이르는 서북 능선도 꼬불꼬불 이어진다. 지리산 전체를 한눈에 볼 수 있는 곳이 바로 바래봉이로구나. 그러고 보니 바래봉은 지리산 전체가 빙 둘러 감싸고 있는 형세가 아닌가. 그야말로 지리산이 품고 있는 안락한 '알자리' 같더라. 지리산의 동쪽에 청학 삼신봉이 있다면 서쪽에는 바래봉이 있도다. 바래봉에 달이 뜨면 그 또한 선경이리라. 지리산 서쪽의 그 안온한 기슭에 달빛이 내리면 그 분위기가 공(空)의 세계를 만들 것이 틀림없다. 휘영청 달빛에 투영되는 지리산의 모습은 인간의 꿈을 형상화한 것이 틀림없을 것이다.

내려올 때는 임도를 따라 내려왔다. 비록 눈꽃은 보지 못했지만 부드러우면서도 당당한 바래봉을 보고 느낄 수 있어서 좋았다. 가슴 뿌듯한 성취감을 맛보았노라. 동네 산꾼들에게 감사한다.

(2021년 1월)

돼지평전의 철쭉 터널

3장

내 인생이
지리산 꽃길만 같아라

가장 먼저 봄을 알리는 지리산 철쭉

01 신록보다 먼저 오는 철쭉

환상의 지리산 철쭉 길을 과연 볼 수 있을 것인가.

지리산 종주를 열한 번 했다. 아홉 번째까지는 경치만 보고 다녔다. "아, 좋다."만 연발하고 다닌 셈이다. 그러다가 열 번째 종주 길에 토끼봉에서 투구꽃을 발견한 것이 전기가 되었다. 아주 우연한 발견이었다. 투구꽃은 익히 알던 꽃도 아니고 인터넷에서 가끔 보기는 했지만 생전 처음 대면하는 꽃이었다.

그때가 가을이 무르익는 10월이었다. 더불어 이질풀, 산수국, 사랑초, 용담초, 구절초 등을 종주 선상에서 관찰할 수 있었다. 10월이라지만 해발 1,500m의 추운 지리산 능선에서 이러한 꽃들을 발견하리라곤 생각지도 못했다. 실로 놀라운 발견이었다. 그후로는 꽃과 식물에 대한 관심이 부쩍 커져서 보행의 형태마저 바뀌었다. 길섶을 두리번거리며 아래를 보고 걷는 습관 말이다.

그리고 열한 번째의 종주는 다음해 봄에 이루어졌다. 소위 철쭉을 위한 종주였다. 전해 봄에도 철쭉을 위한 종주를 했었다. 일찍 서둘러야 철쭉 길을 걸을 수 있다는 귀띔을 듣고 그때는 6월 1일에 입산했다. 그러나 종주 길에는 거의 철쭉 구경을 못 했다. 이미 지고 없었던 것이다. 다만 세석평전과 제석봉 기슭에 잔재가 남아 있을 뿐이었다. 그래서 이번엔 일주일을 당겨 5월 23일에 노고단으로 입산했다. 환상의 철쭉꽃길을 한 번은 봐야겠다고 생각했기 때문이다.

성삼재에서 노고단 산장에 이르는 길에는 호리병처럼 잘록한 병꽃이 많이 피어 있었고, 철쭉과 미나리아재비가 눈에 띄었다. 노랗게 빤질빤질한 미나리아재비는 앙증맞고 예쁘다. 그러나 매년 보던 산목련이라고도 하는 함박꽃은 보지 못했다. 아마 너무 이른 듯했다.

미나리아재비꽃

산장에서 노고단 고개까지의 500m는 단연 철쭉이 대세였다. 그래서 이번엔 제대로 철쭉 구경을 하겠구나 생각하면서 즐거워했다. 노고단에서 한숨을 돌리고 종주 길에 들어서는데 바로 족두리풀을 발견했다. 비슷한 잎이 많기 때문에 미심쩍어 낙엽을 들어내고 아랫도리를 관찰했더니 아뿔싸, 꽃 같은 것이 달려 있지 아니한가. 처음 보지만 사진에서 보던 바로 그 독특한 꽃이었다. 쾌재를 불렀다. 지난 가을 투구꽃을 발견할 때와 버금가는 흥분이 가슴을 달구었다. 그러나 한 가지 의문이 생겼다. 족두리 꽃은 왜 나 보란 듯이 위로 솟구쳐 피지 않고 뿌리 근처에 숨어서 필까. 못생겼다고 부끄러운가? 벌 나비도 접근이 어려워 수정을 어떻게 하려고…. 사진 촬영도 쉽지 않다.

사실은 노고단에서 임걸령 샘까지는 식물의 보고다. 족두리 외에도 삿갓나물, 둥굴레, 비비추, 산수국 그리고 이름 모를 꽃들…. 안타깝다. 식물을 좀 더 알면 좀 더 재미있는 산행이 될 텐데…. 그나저나 돼지령에서는 철쭉이 만발했다. 싱싱한 철쭉 터널을 기분 좋게 걸었다. 그런데 지리산 철쭉은 연분홍이다. 소백산이나 황매산은 빨갛게 피는데…. 어찌 보면 순박한 느낌은 들지만 마음을 들뜨게 하는 분위기는 아니다.

삼도봉과 화개재를 지나 토끼봉 자락에 올라붙었다. 지난해 투구꽃을 처음 발견한 바로 그 능선이다. 뭔가 있겠지 하고 아래만 둘레둘레 하고 걸었다. 그러나 떡취와 비비추만 무성할 뿐 별다른 것을 발견하지 못했다. 다만 정상 일대에 철쭉꽃만 환하게 반겨준다. 토끼봉을 넘어서 명선봉을 들어서는데 이게 뭔가. 꿈인가 생신가. 얼레지 꽃이다. 수술은 길게 아래로 늘어뜨리고 꽃잎은 올백으로 뒤로 젖혔다. 그 카리스마가 특이하고 멋있다. 몇 년 전 경기도 연인산에서 처음 보고 매료되었었는데…. 그리고 처음이다. 계속 나타나는 것을 보니 아마 군락을 이룬 듯하다.

곧이어 오리를 닮은 현호색을 발견한다. 하늘빛처럼 곱다. 오리가 무리 지어 오르듯 예쁘기도 하다. 현호색을 닮은 꽃에 개불주머니라고 있어 구별이 어려울 때도 있지만 잎으로 보아 틀림없는 현호색이다. 꽃을 관찰하고 사진을 찍는 데 시간이 걸리니 걸음이 느려진다. 그래서 일행들은 불평이다.

오르고 내리는 지루한 산행 끝에 드디어 연하천 산장에 내려선다. 확장 공사를 했다고 하는데 취사며 식사의 불편은 마찬가지다. 난간 바닥에 주저앉아 라면 하나를 끓여 먹고 커피까지 챙겨 마신다. 벽소령까지 가야 하는데도 느긋하게 호사를 부린다.

춘래불사춘이라 하더니 5월은 신록의 계절이라지만 지리산엔 아직 신록이 아름답지 않다. 철쭉이 신록보다 앞서 오기 때문이다. 지난해 6월엔 신록이 그토록 예뻤는데…. 그러니 신록은 6월에…. 삼각봉에 잠시 쉬었다가 형제봉을 넘는다. 형제바위 꼭대기에 예쁘게 자란 구상나무를 올려보며 신기하다고 노닥거린다. 지난 가을 이곳 주위에는 조릿대에 꽃이 피었더니 지금 보니 조릿대가 모두 말라 죽었다. 대나무에 꽃이 피면 죽는다더니 정말 그렇다. 벽소령 산장까지 이어지는 등산로 주위엔 족두리

얼레지꽃

나도옥잠화

꽃뿐 아니라 얼레지꽃도 심심찮게 나타난다.

그날 벽소령 산장엔 저녁노을이 아름다웠다. 그리고 밤엔 둥근달이 떴다. 달무리도 생겼다. 그러고 보니 하늘엔 달이 꽃으로 피어난다. 벽소령 명월이 지리산 10경 중 하나라더니 정말 그렇다. 그래서 더욱 아름다운 지리산의 밤이었다.

선비 샘에서 커피 한잔하고 세석평전을 향하여 발걸음을 재촉한다. 날씨 한번 좋다. 따사로운 햇볕, 시원한 산바람…. 그런데 이게 뭐냐. 도톰한 이파리에 길게 뽑아 올린 꽃대에 핀 하얀 꽃을 가진 식물. 이름을 알 수 없지만 첫눈에 원예식물처럼 고급스러운 느낌이다. 역시 처음 본다. 화분에서나 고이 자라야 할 꽃이 험준한 이곳에서 자생을 하다니.(뒤에 알아보니 '나도옥잠화'였다.)

덕평봉 언저리, 지리산 최고의 전망대에 선다. 세석평전 영신봉을 딱 마주보는 전망대다. 천왕봉과 중봉 그리고 일출봉과 연하봉을 한눈에 볼 수 있는 가슴 후련한 전망대다. 이곳은 가을 단풍이 최고였는데…. 신록은 그만 못한 것 같아 아쉽다. 칠선봉을 거쳐 270계단을 오르니 영신봉이다. 곧추선 능선을 타고 나가면 세석평전이다.

세석평전에 들어서니 우선 철쭉이 화려하게 펼쳐진다. 마치 환영이라도 하듯…. 내려다보는 철쭉평원, 촛대봉 기슭이 온통 꽃밭이다. 철쭉의 바다다. 정말 꽃길을 걷는다. 그래서 해마다 이 세석평전에서 철쭉제 행사를 한다.

지리산 최고의 전망대(약사님들과 함께)

산장에서 라면 한 그릇 끓여 먹고 촛대봉에 숨 돌리고, 연하봉으로 치닫는다. 연하봉으로 오르는 삼신봉 능선에는 오래된 주목 한 그루가 있다. 고목임에는 틀림없으나 죽은 것은 아니다. 내가 50년 전에 처음 종주할 때도 지금 모양과 비슷했다. 한 번 어루만져주고 떠난다. 이제 해발 고도가 높아 꽃은 보기 어렵다.

장터목 산장에서 마지막 밤을 새우고 새벽 3시에 일어나 야간 산행을 시작했다. 배낭은 산장에 두고…. 천왕봉 일출은 지리산 최대 최고의 꽃이다. 곱게 피어난 한 송이 장미다. 감격하고 산장으로 되돌아와 중산리로 하산한다. 그런데 통천문 언저리에서 또 다시 얼레지꽃을 발견한 것이다. 이른 아침에 이 높은 곳에서 보는 얼레지! 엄청 반가웠다. 세상에 이렇게 높은 데까지 얼레지가 살아남다니…. 그 추위를 어떻게 감당하려고…. 과연 얼레지는 아름답기도 하지만 그 기백 또한 으뜸이다.

11차 지리산 종주는 철쭉 꽃길을 연상하며 결행했다. 철쭉꽃에 대한 기대는 약간 실망이다. 돼지평전과 세석을 제외하고는 그 화려함을 맛보기에는 부족했다. 아무래도 더 빨리 와야 할 것 같다. 물론 고도의 차이 때문이기도 하다. 신록과 꽃 그리고 단풍마저도 고도를 벗어날 수는 없었다. 말하자면 시차를 두고 절정을 이룬다는 뜻이다. 그 대신 여러 가지 다른 꽃들이 있어 지리산 종주 길은 역시 꽃길이라는 표현을 해본다. 특히 얼레지꽃은 광범위하게 피어나고 있었다. 식물에 대한 좀 더 해박한 지식이 있다면 지리산 종주는 더욱 즐거운 꽃길이 될 것으로 확신한다. 내 인생이 지리산 꽃길만 같아라.

(2016년 5월 18~21일, 약사님들과 함께했다)

지리산 10경, 벽소령 명월(달무리)

하산길 중산리 코스

천왕봉

연하봉 장터목산장

샘

우암폭포

홈바위

법계사

법천폭포

칼바위

순두류(택시,식당)

중산리(버스,식당)

독산

02 형제바위는 몇 미터?

지리산 종주 길이었다.

숲속 경사 길을 조심스럽게 내려오는데 산죽이 등산로에 늘어서서 경례를 붙인다. 산죽의 뜻밖의 환영에 어깨가 으쓱하는 순간 전면에 불쑥 큰 바위가 나타난다. 오라, 형제바위로구나. 윗부분이 쪼개지고 갈라지고…. 덩치만 컸지 별로 아름답지도 우아하지도 않는 바위…. 내가 대뜸 '이 바위 높이가 얼마나 될까? 45m는 될 것 같다'고 선수를 쳤다. 그랬더니 한 친구는 25m 정도 될 거라고 대답했다. 그런데 또 한 친구는 '15m밖에 안 돼요' 그런다. 이렇게 해서 형제바위 높이에 대한 논쟁이 붙었는데, 아니 70 평생을 살아오면서 그렇게 눈대중이 없이 어떻게 살았냐고 내가 힐난을 퍼부었다. 그러나 내가 40m로 양보를 해도 아무도 맞장구치는 사람이 없다. 측량을 해볼 수도 없고, 인터넷에서도 찾을 수 없어…. 지금까지 그 논쟁은 미궁에 빠져 있다.

형제바위는 삼각봉과 벽소령 사이에 있는 형제봉 사면에 있다. 연하천 산장에서 삼각봉에 오르려면 엄정으로 빠지는 삼거리를 거친다. 그곳에는 삼각봉을 지키는 작은 초소가 있다. 초소에서부터 오르막이 시작되어 제법 올라간다. 굴밤나무 숲이 울창하다. 삼각봉에 올라서면 안쪽에 큰 바위가 있고 전망이 확 열린다. 여기서 보는 산너울이 예사롭지가 않다. 사진 한 장 찍어두어야 할 일이다. 한숨을 돌리고 봄나들이 가듯 아기자기한 등산로를 넘나들다 보면 조릿대의 환영을 받으며 형제바위에 입성한다. 처음 보이는 부분이 바위의 뒷면이다.

형제바위라 하면 우선 떠오르는 것은 2개가 있겠구나. 앞의 것은 크고 뒤의 것은 작다. 잘 보면 서로가 등을 붙이고 있다는 느낌을 받는다. 이들 바위에도 그럴듯한 유래가 있다.

망원렌즈로 잡은 형제바위

옛날 형제가 지리산에 들어 수도하고 있었다. 그때 지리산 요정들이 이들을 유혹하려 했지만 이를 뿌리치고 정진하여 형제는 득도하게 된다. 득도한 후에도 요정들은 끊임없이 이들을 유혹한다. 그 유혹을 뿌리치기 위해 형제는 등을 맞대고 요정들의 유혹을 이겨낸다. 그렇게 오랜 세월 같은 자세를 취하고 있으니 굳어져서 바위가 되었다고 한다. 좀 어설프긴 하지만 없는 것보단 낫지 않은가. 그러고 보면 지리산의 속살에는 불교와 무속신앙에 의한 이름과 유래들이 다양하게 나타나고 있다.

형제바위를 볼 때는 바위 그 자체는 별 볼품이 없지만 오른쪽 큰 바위 바깥쪽 꼭대기에 있는 나무부터 봐야 한다. 소나무인 듯하지만 아무래도 구상나무 같다. 이 구상나무가 형제바위의 포인트다. 그 나무는 흙도 물도 부족한 바위 꼭대기에서 살아가느라 고생이 많아 마치 분재처럼 되어 있다. 그로부터 곧추선 바위 절벽과 산의 경사면이 'V' 자를 이루는데 그 바깥으로 펼쳐지는 심연과 같은 분위기를 꼭 봐야 한다. 허공에 내려앉은 산세와 조각구름이라도 어울리면 금상첨화다.

출구는 바위의 오른쪽 좁은 틈으로 돌아서 급한 경사면을 조심스럽게 내려가야 한다. 상당히 미끄럽다. 돌아서 밑으로 내려오면 형제바위의 뿌리를 보게 된다. 이쪽이 앞이다. 제법 우람하다. 그 높이가 40m는 족히 됨직하다.

앞에서 보는 형제바위는 그 위용이 대단하다. 뒤돌아보고 또 보면서 형제바위를 떠나지만 아직은 영영 이별이 아니다. 계속 내려오면 얼마 후에 넓은 바위 쉼터 겸 전망대가 나타난다. 뻥 뚫어진 전망에 뉘 아니 감탄하랴. 그러나 이곳에서 뒤돌아보면 멀리 형제바위 전체가 올려다 보인다. 눈을 맞추면 하얀 이빨을 드러내고 잘 가라고 손을 흔들어준다.

저 바위가 왜 40m가 안 돼!

출구쪽 V자형 배경(왼쪽 바위 꼭대기에 구상나무)

03 다람쥐 고개

살랑살랑 살랑바람
달빛 따라 넘는 고개
방울새 휘파람새
사랑 찾아 넘는 고개

철쭉은
꽃잎 뿌려
나비처럼 가라 하고
굴밤나무
낙엽 깔아
사슴처럼 가라 하네

떼구르르
굴밤 굴러가니
쪼르르
다람쥐 따라 넘네

고개고개
다람쥐 고개
오늘은 쓰레기봉지가 넘어 가네

쓰레기봉투를 달고 다람쥐고개를 넘어가는 필자

참고: 형제바위와 벽소령 사이에 있는 큰 바위 사이 고갯길

주제 팁: 형제바위와 벽소령 사이에 있는 큰 바위 사이 고갯길인데, 고개를 넘으면 숲의 바다에 빠진다. 봄철에는 철쭉꽃잎이 길을 수놓고, 가을에는 낙엽이 카펫을 깔아준다.

04 임걸령 하이웨이

산에도 하이웨이가 있을까.

작은 산이라도 정상을 오르려면 오르기 쉬운 길이 있는가 하면 사나운 길도 있다. 하물며 지리산을 종주함에랴. 그 길이 얼마나 변화무쌍할까. 지리산이 육산이라고는 하나 그 능선은 바위투성이다. 어디서 이런 거친 돌들이 나왔는지 알 수가 없다. 용암에서 만들어지는 바위도 있지만 바위는 지층의 압력과 세월에 의하여 만들어진다고 보면 처음엔 그 덩치가 어마어마하게 컸을 것이다. 이것이 고생대, 중생대를 포함한 수십억 년 동안 지각 변동을 일으키며 뒤집히고 또 뒤집히고 쪼개지고 갈라지고 부서지고 뒤죽박죽이 되어 오늘의 토양을 이루었을 것이다.

노고단 사면의 운치

지리산 종주를 해보면 설악산 서북 능선의 너덜지대처럼 돌과 바위로 범벅이 된 너덜지대가 한두 곳이 아니다. 특히 형제바위 지나 벽소령 사이가 그러하고, 또 선비 샘 지나 덕평봉 전망대까지가 그러하다. 이런 데서는 두 발보다는 네 발을 써야 안전하다. 지리산 종주에 처음 들어서는 사람이라면, 지리산이 육산이라더니 이처럼 험하구나 하고 약간 불만스러운 느낌을 가지게 된다. 시간도 많이 걸려 심할 땐 1시간에 1km 남짓밖에 진군을 못 할 때도 있다. 젊은 사람들은 다소 다르겠지만…. 이런 데서 발을 헛디디거나 넘어지면 그야말로 큰일 난다. 천천히 또박또박 걷는 것이 안전수칙이다. 그 외에도 삼도봉에서 화개재 내려가는 급경사 길, 토끼봉에서 연하천 산장 가는 길, 촛대봉과 연하봉 사이의 삼신봉 오르는 경사면 같은 데가 거칠고 위험하다. 그 외에는 관리공단에서 사다리 공사를 하여 안전하게 오르내릴 수 있도록 만들어놓았다. 칠선봉에서 영신봉 오르는 사면도 악명 높은 급경사지만 공단에서 260계단을 설치하여 힘은 들지만 안전하게 트레킹을 하도록 만들어놓았다.

돼지령의 터널길

그렇다면 가장 안전하고 신나는 하이웨이 같은 트레일은 없을까.

우선 제일 먼저 떠오르는 곳이 노고단 고개에서 임걸령 샘까지다. 장장 3.2km다. 그리고 벽소령 산장에서 옛날 벽소령 고개까지 1km, 그리고 세석 산장에서 촛대봉까지 또 삼신봉에서 연하봉까지 비스듬하게 오르는 길이다. 소위 연하봉 하늘길이다. 그중에서도 제일은 임걸령 하이웨이!

우선 임걸령 하이웨이는 자연 그대로다. 인위적으로 손을 대지 않았다는 뜻이다. 그리고 돼지령을 제외하고는 비스듬한 내리막길이어서 아주 휘파람을 불며 걸을 수 있는 경쾌한 길이다. 노고단 고개를 출발하여 한동안 걷고서 좀 쉬고 싶다 하면 나타나는 쉼터가 로터리 쉼터다. 쉼터 중앙에 있는 굴밤나무를 동그랗게 돌로 쌓아서 나무 보호도 할 겸 앉아서 쉴 수 있도록 만들었다. 숲이 우거져 안온한 쉼터가 되었다. 얼핏 보기에 로터리 생각이 들어 로터리 쉼터라는 이름을 붙여보았다.

로터리 쉼터

임걸령의 너른바위

　좀 더 진행하면 시야가 열리면서 길 복판에 큰 바위가 있어 쉬기에 안성맞춤이다. 이곳에서는 언제나 찬란한 운무를 본다. 운무와 산봉우리들이 어울려 노는 모습을 보며 잠시 쉬었다가 계속 오르면 야트막한 고개에 올라서는데 바로 돼지령이다. 노고단에서 약 2km쯤 된다. 이곳은 아침 운무를 보는 명소이기도 하다. 돼지령 근처는 양지바르고 키 큰 나무들이 없어 철쭉 시즌에는 철쭉으로 터널을 이루고, 가을에는 길섶의 구절초가 웃으며 반겨주니 길손의 발걸음을 멈추게 한다.

　살짝 고개를 넘어 부드러운 내리막길로 시원스레 내려가면 피아골 삼거리에 닿는다. 단풍으로 유명한 피아골, 삼홍소를 거쳐 직전마을로 통하는 갈림길이다. 곧이어 임걸령 샘에 도착하는데 여기까지가 임걸령 하이웨이 끝이다. 임걸령 샘의 물맛은 좋다. 반야봉에서 흘러나오는 생명수다. 이곳에서 연하천 산장까지 먹을 물을 준비해야 한다. 여름이면 500ml 물 2병은 준비해야 한다.

돼지령 운무

또한 임걸령 하이웨이는 식물의 보고다. 3일간의 꿈을 안고 발걸음도 가볍게 노고단을 출발하면 나는 한 마리의 휘파람새가 된다. 삶의 희열을 느끼고 심신의 자유를 가슴으로 만끽한다. 시원하고 싱그럽고 자유롭고…. 그 숲속은 신비로운 비밀이라도 감추고 있는 듯 태고의 숲이다. 어쩌면 산삼이라도 숨어 있을 듯 눈여겨 볼 일이다.

봄이면 산수국, 앵초, 족두리풀 등을 발견할 수 있고, 가을이면 투구꽃, 용담초 같은 꽃들과 어울려본다. 이 하이웨이는 빨리 가는 하이웨이가 아니다. 주위 분위기를 살피고 몸의 컨디션을 워밍업하는 준비 단계의 하이웨이다.

임걸령 하이웨이!
속세의 잡생각을 훌훌 털어버리고 깃털 같은 마음으로 천천히 걷고 볼 일이다.

05 지리산 철쭉 길, 제대로 만났다

지리산 철쭉을 한 번 더 봐야겠다.

산돼지가 화살을 빗맞으면 물불 가리지 않고 덤빈다더니 내가 그 짝 났다. 몇 년 전 철쭉 구경을 왔다가 너무 늦어 무성한 잎만 보고 갔었다. 제대로 된 지리산 철쭉 길을 한 번은 봐야겠다고 결심하고 지난 해 다시 도전했지만 또 늦었다. 그래서 이번 산행은 철쭉 종주 산행 세 번째를 맞는다. 그 절정을 봐야겠는데 매번 조금씩 늦은 감이 있어 이번에는 제법 이른 5월 16일에 노고단으로 입산했다.

성삼재에서 노고단 산장에 오르는 길에는 봄이면 언제나 미나리아재비의 노랑꽃이 반겨준다. 그러나 이번에는 볼 수가 없다. 너무 일러서 그럴 것이다. 좀 불안하다. 그

철쭉이 만발하듯 대원들의 마음도 활짝 피어난다

렇다면 철쭉도 너무 이른 건 아닐까. 그러나 그보다는 안개비가 소리 없이 내리고 있어 더욱 불안하다. 그 멋진 선셋도 못 보고 초라하게 노고 산장의 밤을 보냈다.

노고단 고개에 올라서니 그야말로 화이트-아웃이다. 아무것도 보이지 않는다. 안개비는 내리고…. 우물쭈물하다가 종주 길에 들어선다. 꽃은 그래도 철쭉이다. 황갈색의 단정한 앵초꽃 군락을 발견하고는 흐뭇해한다. 그러나 돼지평전을 넘어가면서 철쭉은 절정을 이룬다. 전후좌우가 완전 철쭉이다. 어떤 곳은 터널이다. 안개비를 맞으면서도 희열에 넘친다. 먼 경치는 아무것도 보이지 않으니 철쭉만 보면서 걷는다. 삼도봉을 넘을 때에도, 토끼봉을 오를 때에도 철쭉만 보며 간다. 지리산 철쭉꽃 길, 제대로 만났다.

지리산 철쭉은 분홍이 아니라 연분홍이다. 처음 지리산 철쭉을 보았을 때, 나는 실망했다. 꽃빛이 너무 힘이 없어…. 가슴에서 뜨거움이 일어나지 않았다. 선홍색이나 진홍색 꽃이 오히려 내 구미에 맞을 것 같았다. 그런데 시간이 흐를수록 그 연분홍이 눈에 아른거리는 게 아닌가. 그래서 이번에는 그 연분홍을 마음껏 즐기리라 마음먹은 터였다.

지리산 연분홍 철쭉

희미한 안개 속에 연분홍 꽃이 나타났다가 사라진다. 또 나타나고… 사라지고…. 분홍색 꽃이 사진이라면 연분홍은 그림이다. 소백산 철쭉이 사진이라면 지리산 철쭉은 그림이다. 붉은색보다는 연분홍이 오히려 훨씬 더 정감이 있고 품위가 있다. 연분홍보다 더 연한 연분홍. 연분홍에 보송보송하게 분을 발랐다고 해야 할까. 이러한 연분홍 꽃이 신록을 배경으로 나타나면 그 아름다움과 부드러움에 오감이 살아난다. 아~ 아름다운 꽃길이여!

오리무중 산길을 걷고 또 걷는다. 경치 좋기로 이름난 노루목이나 삼도봉에서도 아무것도 볼 수가 없다. 내가 좋아하는 얼레지꽃은 아직 개화하지 못하고 길쭉한 얼굴에 강아지 새끼처럼 눈을 감고 있을 뿐이다. 지난 가을 그렇게 나를 흥분의 도가니로 몰아넣던 바위떡풀은 다시 한 해를 시작하며 바위에 붙어 투지를 불태우고 있다. 그들이 참 예쁘다. 연하천 산장으로 막 내려서려는데 뜻밖에 하얀 철쭉을 발견한다. 분홍빛은 전혀 없는…. 완전 백색 철쭉이다. 원래 이런 종이 있는 건지, 돌연변이인지 알 수는 없지만 신기하다.

연하천 산장에서 하룻밤을 보내면서도 걱정이다. 내일은 안개가 걷혀야 할 텐데…. 그러나 하늘은 나의 걱정을 들은 체도 하지 않는다. 안개비는 추적추적 내리고 돌길은 미끄럽고 풍경은 없고 길은 멀고…. 그래도 발그레한 철쭉꽃이 안개 속에서 불쑥불쑥 나타날 때마다 탄성이 절로 난다. 벽소령 가까이 가서는 언젠가 보았던 나도옥잠의 군락지를 발견하고는 쾌재를 부른다. 그리고 선비 샘 가기 전에 또 하얀 철쭉을 본다.

영신봉에 올라서면 세석평전은 완전 철쭉 평원이라 하지 않는가. 그러나 오늘은 아무것도 보이질 않는다. 하루 종일 안개다. 안개와 철쭉은 궁합이 맞다. 안개가 발그레한 철쭉의 볼을 쓰다듬어 주면 철쭉은 부끄럽다고 숨어든다. 그러나 안개가 손을 빼고 돌아서면 철쭉은 언제 그랬느냐는 듯 방긋 웃으며 나에게 사랑의 윙크를 한다. 안개와 철쭉은 천생연분인 듯하지만 기회만 되면 서로 바람을 피운다. 혹시 내가 끼어

안개와 철쭉의 숨바꼭질

들어 사랑의 숨바꼭질을 하는 것은 아닐까.

세석에서 하룻밤을 보내고 일찍 서둘렀다. 다행히 비는 멎었지만 안개는 여전하다. 그래서 일출도 포기하고 장터목으로 직행이다. 촛대봉에서 노닥거리다가 삼신봉 쪽으로 내려가는데, 저것 좀 보소! 완전 꽃 터널이다. 철쭉나무는 다부지고 야무지다. 생명력이 강하여 거칠기는 하지만 한 나무에 수많은 꽃을 달아낸다. 진달래가 수줍은 숙녀라면 철쭉은 씩씩하고 부지런한 또순이다.

삼신봉의 그 멋지고 가슴 후련한 전망대도 안개 속에서는 어쩔 도리가 없다.

연하봉에 올라 일출봉으로 넘어가는 소위 하늘정원에도 철쭉은 만발했다. 오리가 새끼들 거느리고 궁둥이 흔들며 봄볕을 즐기는 정원 길, 도포 자락 흔들며 갈지자로 거드름 피우며 걸어보는 정원 길이다. 그 아름다운 천국의 정원 길을 마음껏 뽐내며 걸어본다. 안개라고는 하지만 어제와는 다르다. 밝은 안개다. 태양이 그 이글거리는 모습을 드러낼 듯, 굽이치는 능선이 눈앞에 전개될 듯 밝아오니 하늘에도 푸른빛이 힐끗힐끗 얼굴을 내민다.

통천문을 올라서 뒤돌아보니 제석봉 능선이 길게 꿈틀거린다. 운무는 찰랑찰랑 땅의 여백을 메운다. 그리고 천왕봉, 이런 기적이 있나. 천하가 운무에 내려앉았는데 푸른 하늘과 운무가 멋지게 어울린다. 모처럼의 밝은 햇볕에 산객들은 환호성이다. 반야봉을 찾았다. 머나먼 그곳. 찰랑대는 운무를 뚫고 반야봉이 홀로 솟았다. 천왕봉에서 반야봉을 보다니⋯. 구름과 운무를 휘감고 솟은 모습이 그야말로 황홀하다. 3일을 공 들여서 보여주는 반야봉은 하늘의 산이요, 지리산 철쭉의 화신인가. 아름다운 한 송이 백합화다. 이번 종주에서 가장 멋있는 사진 한 장 얻었다.

지리산 철쭉은 5월 중순이 제격이다. 6월은 신록이다.

(2018년 5월 16일, 열다섯 번째 지리산 종주)

06 지리산 철쭉

곱다
곱다
분 바른 연분홍빛이 곱다

이 거친 지리산에
저토록 고운 빛이 어디서 왔을까
모롱이 돌 때마다 웃음 짓는 철쭉
풀벌레 노래하고
새들도 휘파람 불어주네

고와라
고와라
연분홍 다섯 닢이
사랑하는 사람의 눈매처럼
고와라

철쭉 길 걷고파 세 번째 오르는 길
돼지평전 지나
토끼봉 넘어서
분 바른 연분홍 길

지리산 철쭉

주제팁: 지리산 철쭉은 연분홍 같지만 연분홍이 아니다. 연분홍에 분을 발랐다. 가만 보고 있으면 그 부드러운 빛깔이 신비롭기까지 하다. 철쭉이 필 때면 신록이 그 배경이 되어준다. 환상적인 궁합이다. 거기다 안개까지….

07 신록의 블랙홀

6월의 지리산은 신록의 블랙홀이다
빙글빙글
빨려 들어가는 연초록 회오리
아~ 연초록 블랙홀이여!

바람이 불면 연초록이 되더니
새들의 노래가 연초록이 되고
고함을 쳐봐도
돌아오는 메아리는 연초록이라

초록아 초록아 연초록아
내가 어디에 있니
삼각봉 오르고 있지
초록아 초록아 연초록아
내가 진정 어디에 있니
선비 샘 내려가고 있지

눈을 떠도
눈을 감아도 연초록이다
나 영영
이 신록의 블랙홀을 빠져나갈 수가 없구나

연초록 블랙홀

(2019년 5월 하순, 열일곱 번째 지리산 종주)

모티브: 5월 말쯤에서 6월은 지리산에 신록이 가장 아름답다. 참나무가 좀 늦기 때문이다. 신록
과 함께 신록 속에 파묻혀 지리산을 종주하는 즐거움은 한 번은 경험해봐야 할 일이다. 햇빛과
만나면 그 빛이 형용할 수 없이 화려하다. 때맞추어 산새들도 노래 잘 부른다.

08 촛대봉 일출

천왕봉 일출은 지리산 제1경이다.

장터목 산장에서 한 시간 반 정도 야간 산행을 해야 하는 어려움이 있지만 대단한 인기다. 떠도는 속담에 의하면 3대의 덕을 쌓아야 볼 수 있는 보기 힘든 진경이라고도 한다. 그에 비하면 촛대봉 일출은 세석 산장에서 30분이면 오를 수 있다. 등산로도 사납지 않고…. 그런데도 천왕봉의 유명세에 눌려 별로 빛을 보지 못하고 있는 것이 사실이다.

내가 10월 단풍 종주를 하면서 세석 산장에 묵게 되었다. 천왕봉 일출을 보지 못하니 꿩 아니면 닭이라고 촛대봉이라도 올라보자고 마음먹었다. 천왕봉이나 촛대봉이나 진주 방면의 동쪽 전방이 확 열려 있어 일출을 보는 데는 그 여건이 비슷하기 때문이다. 일출 시간을 산장 측에 물어보고는 좀 일찍 출발했다. 왜냐하면 일출은 해 뜨기까지의 과정이 볼 만하기 때문이다. 아침은 장터목에서 먹을 심산이다.

촛대봉, 촛대바위

낮에 보면 빤히 올려다 보이는 촛대봉. 깜깜한 밤에 헤드 랜턴을 켜고 완만한 경사면을 오르자니 제법 힘들다. 숨이 차서 쉬엄쉬엄 오른다. 그래도 시간은 충분하다. 촛대봉은 해발 1,700m를 훌쩍 넘는 높이다. 그러니까 설악산 대청봉과 비슷하다. 하늘이 쾌청하면 일출은 재미가 없다. 아무래도 구름이 약간 있어야 좋다. 구름의 모양과 색채가 황홀감을 자아내기 때문이다. 그렇다고 구름이 많아 태양이 숨어버리면 허망하다. 그러니까 좋은 일출을 본다는 것은 쉽지 않다.

촛대봉엔 먼저 오른 사람들이 많았다. 이리저리 서성이는 사람도 있는가 하면, 바위 구석구석 편한 자리 찾아 앉고 서고 우두커니 동녘을 보고 있는 사람도 많다. 동녘은 붉은빛, 황금빛, 노란빛이 멋지게 펼쳐져 있다. 태양 에너지는 언제 보아도 그 강렬함이 상상을 초월한다. 그런데 오색찬란한 그 태양빛은 어둠에 싸여 있다. 어둠은 우주의 빛이다. 우주의 빛이 태양의 빛을 감쌌다. 우주의 빛은 없어도 태양의 빛은 있어야 우리는 산다. 그래서 태양은 축복이요, 생명이다. 아, 태양! 그 태양을 보기 위해 우리는 촛대봉에 올라 그 실체를 경험하려 하고 있다. 오늘따라 구름이 적어 일출은 제대로 보게 생겼다.

동녘 하늘을 강렬하고도 찬란하게 물들이고 있는 태양에너지에 탄성을 연발한다. 우리는 기다려야만 했다. 어느 지점에서 태양이 떠오를 것인지 알 수가 없다. 그만큼 광범위하게 빛이 발산되고 있기 때문이다. 눈만 왔다 갔다 한다. 그러다가 멀리멀리 아주 멀리 깊은 곳에서 작은 빛 덩이가 빤짝한다. 옥구슬이나 노른자위만큼이나 작지만 그것이 핵이요 코어다. 암흑의 우주에서 태어난 코어, 엄청난 광휘를 뿜어낸다. 그 첫 빛이 나의 안구 속으로 파고든다. 강렬하다. 그러나 부드럽다. 차츰 솟아오르는 태양의 실체. 나는 모른다, 그 태양이 우주를 돌아다니다 어떻게 그 정해진 시간에 그 정해진 장소에 떠오르는지를…. 점점 커진다. 예쁜 얼굴이다. 정말 말갛게 씻은 얼굴이다. 어둠 속에 숨을 죽이던 눈동자들이 빛이 난다. 생명의 축복으로 눈물이 글썽거린다. 그리고 웃음이 찾아온다. 환희의 웃음이요, 행복의 웃음이다. 그제야 옆을 돌아보며 친구를 찾는다. 그들은 서로 말이 없다. 그래도 서로의 마음을 안다. 빛은 절망을 앗아간다. 그리고 미움과 탐욕도 앗아간다. 그러나 희망과 사랑은 오히려 주고 간다. 일출은 재미있고 신비롭고 짜릿하다. 그래서 우리는 일출을 좋아한다.

그런데 촛대봉 일출을 관람하는 것이 우리뿐만 아니다. 왼쪽으로 천왕봉과 제석봉 연하봉 3형제가 나란히 앉아 말없이 관람에 열중한다. 그들은 미동도 하지 않는다. 그들은 도대체 무슨 생각을 하고 있을까. 태양을 우러러 감탄하고 있을까. 아니면 자기도 태양처럼 불덩어리가 되어 히말라야를 녹일 생각을 하고 있을지도 모를 일이다. 사진을 촬영할 때는 이들 3형제를 넣어서 일출 사진을 찍으면 천왕봉 사진과 구별이 된다. 어디 그뿐이랴. 뒤돌아보니 반야봉도 팔짱을 끼고 발돋움하고 있다. 발그레하게 미소 짓는 얼굴로 관람하고 있지 않은가. 온화하다. 세상의 모든 근심 걱정을 포용해줄 수 있다는 자신감 넘치는 반야봉의 미소는 아름답다. 그는 필경 지리산의 주봉과 능선들이 어떤 행동을 하고 있는지 보고 있을 것이다. 이런 어울림은 천왕봉 일출에서는 없던 광경이다. 천왕봉에서는 동그마니 홀로 솟아 텅 빈 앞만 바라볼 뿐인데 촛대봉에서는 옆도 뒤도 돌아보면서 같이 즐길 수 있는 친구들이 있어서 좋다. 노른자위 같은 그 작은 태양은 온 누리를 샅샅이 비춘다. 능선과 골짜기가 비로소 암흑에서 깨어나며 꿈틀거린다. 이렇게 해는 솟았다. 해는 솟고 나면 싱겁다. 그러나 아직도 관람객들은 신비로운 우주 쇼의 감흥이 가시지 않는 듯 아쉬움에 쉽게 자리를 털고 일어나지 못한다.

끼리끼리 사진 찍느라 우왕좌왕한다. 그러고 보니 꽤 많은 사람들이 일출 관람을 같이 했다. 일출은 매일 일어나는 일상이지만 우리에겐 영원한 신비요 볼거리임에 틀림없다.

가자, 천왕봉으로! 우리는 연하봉을 향하여 급경사를 조심스럽게 내려가고 있었다.

(2016년 10월, 열두 번째 지리산 종주)

천왕봉이 있는 일출(가을)

촛대봉 일출(봄)

09 피아골 단풍

반야봉이나 피아골이나 비슷한 처지다.

다 같이 지리산 종주 선상에 뿌리를 두고 있지만 반야봉은 올랐다가 종주 선상으로 되돌아오지만 피아골은 한번 들어가면 지리산을 내려와버린다. 그래서 반야봉과 피아골의 처지는 완전히 다르다. 여러 번 종주를 하면서도 돼지령과 임걸령 샘 사이에 있는 피아골 삼거리는 하나의 이정표에 불과했다. 그곳은 노고단 고개에서 2.8km! 한 시간이면 닿을 수 있는 거리다.

피아골 단풍!

적어도 지리산 10경에 속하는 매력 덩어리 아이템이다. 그래서 한 번은 가봐야지 다짐을 하면서도 세월만 흘렀다. 그러나 쥐구멍에도 볕들 날이 있다 했던가! 2020년 10월, 드디어 볕이 스며들었다. 연초부터 코로나19가 번성하여 사람들의 활동이 엄청 위축된 데다, 국립공원의 대피소 및 산장이 모두 폐쇄되었다. 산장 숙박이 불가하므로 궁여지책으로 하루 코스 산행에 눈을 돌렸다. 여기에 걸려든 것이 바로 피아골이었다.

피아골 산행은 원점 회기 트레킹이 가능하다. 우선 구례에서 1박 하고 택시로 성삼재에 오른다. 물론 새벽 출발이다. 노고단 산장에서 아침을 지어먹고 노고단 고개에서 종주 능선에 들어선다. 임걸령 샘 못 미쳐 피아골 삼거리에서 피아골을 타고 내려와 피아골 산장에서 점심을 해 먹고 직전마을로 내려온다. 직전마을 끝자락에 있는 버스정거장에서 셔틀버스를 타고 구례로 빠질 수 있기 때문이다.

10월 하순, 아직도 남녘엔 단풍이 무르익지 않았다. 그러나 피아골 삼거리가 해발 1,300m가 넘으니 어쩌면 좋은 단풍을 볼 수 있을 것 같았다. 구례에서 1박을 하고 새

1시간쯤 내려왔을 때의 화려한 단풍

벽 5시 30분에 예약한 택시를 탔다. 6시쯤 성삼재에 도착하여 산장을 향하여 걸었다. 춥고 바람 불고…. 비만 오지 않았지 일기 불순이다. 그래도 상쾌하다. 반겨주는 쑥부쟁이 꽃이 눈을 부드럽게 한다. 3km 남짓 걸어 노고단 산장에 도착했다. 감개가 무량하다.

심장이 좋지 않다기에 좋아하든 지리산 종주도 멈추었는데…. 이렇게 다시 노고단에 오르다니! 일행은 7학년으로 구성된 친구들만 모였다. 모두가 구조물이 삐거덕거리는 사람들이다. 산장에선 취사장만은 열어두어 불편 없이 아침밥을 지어먹을 수 있었다. 돼지고기 김치찌개가 역시 밥도둑이다.

하루 종일 내려갈 일만 남았으니 바쁠 것도 없다. 느릿느릿 고개에 올라 풍광을 조망할 새 날씨 불순으로 을씨년스럽기만 하더라. 시야도 좋지 않은 데다 단풍도 볼 것이 없어 미련 없이 종주 길로 들어선다. 로터리 쉼터에 잠깐 쉬고는 돼지령을 넘을 때에는 온화한 날씨가 되었다. 마치 우리 나뱅이들의 트레킹을 축하해주는 듯…. 피아골 삼거리에 도착하고 보니 그냥 내려가기에는 어쩐지 아쉬웠다. 그래서 임걸령 샘으로 좀 더 진행했다. 넓은 바위에 앉아 탁 트인 전망을 즐긴다. 지리산을 자주 들락거렸으니 지리산에 오면 마음이 편안하다. 길이며 숲이며 산세가 모두 눈에 익고 정도 들었다. 몸도 나이도 낡았으니 다시 올 수 있을런지…. 착잡한 마음으로 풍광을 음미한다.

우리는 다시 삼거리로 올라갔다. 초행이라 마냥 어정거릴 수만은 없었다. 삼거리에서 사진 한 장 남기고 피아골 계곡으로 접어든다. 경사는 급하지만 남쪽 사면이라 햇볕이 따스하게 비춰준다. 1차 목표는 피아골 산장이다. 거리 약 2km, 그곳에서 점심 지어 먹고 2차로 산장에서 직전마을까지 4km, 합계 6km다. 계속 내려만 가야 하는 행군이니 그 역시 쉽지 않을 듯싶다. 6km라면 천왕봉에서 중산리 내려가는 거리와 맞먹는다.

삼거리에서 급한 경사면을 따라 계단 길도 조심조심. 1km쯤 내려오니 단풍이 살아나기 시작한다. 처음으로 우리들 입에서 감탄사가 튀어나온다. 깊고 깊은 지리산 속엔 순수 자연만이 숨 쉬고 있다. 햇빛도 바람도 산새 소리마저 꼭꼭 숨은 자연이다. 그 속에 물드는 단풍 또한 비밀스러운 자연이 아닌가. 비단결처럼 곱다. 누가 보아주는 사람 없어도 자연은 아름답게 피어난다. 단풍의 아름다움 속에 단풍을 노래하며 내려온다. 사람은 자연 속에 들어가면 자연과 동화되어 자연인이 된다. 그것이 자연의 힘이요 위대함이다. 더구나 피아골 단풍이 지리산에서도 으뜸이라 하지 않더냐.

은은한 단풍이 잔잔한 클래식 음악이 흐르듯 마음 깊이 스며든다. 설악산처럼 요란하지도 않다. 은은함이 잔잔한 호수와 같고, 부드러움은 봄 햇빛 같고, 감미롭기는 졸졸 흐르는 개울물 소리 같더라. 열정적이고 불타는 분위기는 결코 아니다. 피비린내 나는 6·25 전쟁의 격전의 흔적을 애써 지우고 싶은 것인가. 피아골 단풍은 지리산

계곡과 단풍의 절묘한 궁합

철쭉과 같아 연하고 부드럽다. 그러면서도 화려하다. 노랗게 물든 단풍이 많아 가만 보니 키 큰 나무는 고로쇠나무, 느릅나무요, 키 작은 나무는 생강나무다. 생강나무 잎의 빛깔이 그렇게 고울 수가 있나.

피아골 산장에서 라면에 떡국을 넣어 떡라면을 끓여 먹으며 휴식을 즐긴다. 산장을 지나고 나니 이번엔 계곡이 살아난다. 계곡과 단풍은 궁합이 멋지게 어울려 계곡이 있어 단풍이 살고, 단풍이 있어 계곡이 살아난다.

'구계 폭포'를 행군할 때는 거친 바위 너덜길이 관절을 비틀어 무릎이 고생이다. 구계 폭포는 천연 바위 계단이 두 줄로 이루어졌는데 계곡물이 촐랑촐랑 거리며 계단을 타고 내려오더라. 계곡을 감싸 안은 아름다운 단풍에 눈길을 주며 한동안 내려오니 삼홍소다. '삼홍소'는 붉은 단풍이 소(沼)를 물들여 붉은 빛을 띄우는데, 소위 산홍(山紅), 수홍(水紅), 인홍(人紅)이다. 산과 물과 사람이 단풍으로 인하여 붉게 물든다는 뜻일 게다. 이로 하여 삼홍소(三紅沼)라 부르더라. 삼홍소부터는 경사도 완만하여 트레킹은 부드러웠지만 무릎 관절이 화가 났는지 계속 경고를 한다. 조심조심 지루하게 내려오니 '표고막 터'라는 것이 나타났다. 예전에 표고버섯을 재배하던 움막이 있던 자리다. 거기서부터 1km 정도를 찻길로 편하게 내려오니 직전마을에 당도하더라. 드디어 성공이다. 나뱅이들의 기분 좋은 승리다. 새벽부터 10시간도 넘게 걸렸다. 구례로 이동할 수 있었지만 직전마을에서 하룻밤 머물기로 했다. 식당에서 조촐하게 구기자 술로 완주 자축 파티를 하며 기분을 풀었다.

직전마을에는 식당도 많고 민박도 많아 하룻밤 자는 데 불편이 없었다. 이러한 숙박시설로 보아 피아골을 타는 사람들이 상당히 많을 뿐 아니라, 직전마을에서 피아골 산장까지만 다녀오는 사람들이 의외로 많다고 한다. 아름다운 단풍만 살짝 즐기겠다는 뜻일 게다. 식사로 우리는 백숙을 먹었지만 알고 보니 쏘가리 매운탕이 특식인 듯하다. 섬진강에서 잡아 온 쏘가리라 했다. 거의 집집마다 쏘가리탕이다. 다음에 다시 온다면 좀 비싸긴 하지만 꼭 쏘가리탕을 먹어봐야겠다고 생각했다.

직전 마을은 계곡이 좋다. 숲과 계곡이 만들어 내는 운치는 가히 선경이다. 산은 높아 하늘이 좁을 정도니 농토가 될 만한 여백은 없는 듯하다. 그래서 옛날엔 생명력이 강한 피(기장)를 심어 연명했다고 하는데, 피 직(稷) 자와 밭 전(田) 자를 써서 직전마을이라 부른다고 했다. 구례에서 버스로 40분이면 닿는데 버스는 매시간 운행된다.

(2020년 10월)

직전마을의 아름다운 계곡

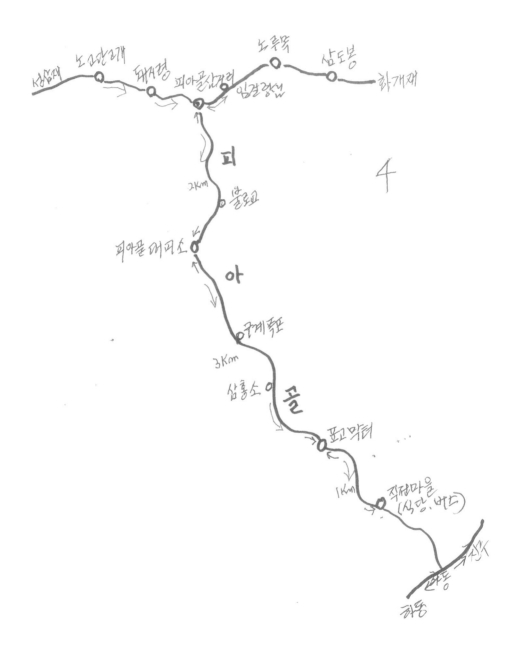

노고단재 · 노고단고개 · 돼지령 · 피아골삼걸리 · 임걸령샘 · 노루목 · 삼도봉 · 화개재

피
2Km · 불로교
아
피아골 대피소
구계폭포
3Km
삼홍소 · 골
표고막터
1Km · 직전마을 (식당, 버스)
화동 · 구신
화동

10 지리산 종주의 하이라이트는 어딜까

지리산 종주 코스는 노고단에서 천왕봉까지다.

그것이 지리산의 등줄기요 척추다. 오르고 내리는 코스는 별 문제가 되지 않는다. 왜냐하면 등줄기에 달려 있는 팔, 다리이기 때문이다. 지리산이 육산이라고는 하지만 그 종주 능선은 꽤 까다롭다. 노고단에서 임걸령 샘까지 4km는 아주 순탄하고 아기자기하여 소위 '임걸령 하이웨이'라고 부른다. 그런가 하면 선비 샘에서 칠선봉까지는 너무 거칠고 위험하다. 이런 곳에서는 발을 헛디디거나 넘어지면 큰일 난다. 안전사고 나면 절대 안 되는 구역이다.

삼신봉 구상나무의 멋

촛대봉에서 보는 삼신봉 능선(뒤 천왕봉)

그렇다면 전망과 경치는 어떨까. 노고단에서 벽소령을 거쳐 칠선봉까지는 돼지평전에서 한 번 열릴 뿐 대개 숲길이다. 그런고로 몇 군데 전망대를 제외하고는 시야가 막혀 산세나 산너울을 속 시원히 즐길 수 없다. 어쩌면 오히려 답답하기도 하다. 그러든 것이 세석평전의 영신봉에 올라서고부터는 시야가 환하게 열려 태양의 축복을 받는다. 촛대봉을 지나 천왕봉에 이르기까지 광명천지를 걷게 되며 높이에 걸맞은 조망을 즐길 수 있다. 여태까지 종주하면서 숲속만 걷다가 이제 태양과 조망을 벗하며 지리산을 제대로 즐길 수 있는 것이다. 이 구간은 보고 느끼며 음미하며 걸어야 한다. 그래야 제대로 종주를 하는 것이다. 그러면 촛대봉이나 연하봉과 제석봉, 어디가 지리산에서 제일 훌륭한 으뜸가는 경치와 조망을 가졌을까.

지리산 종주 선상에서 제일 하이라이트는 뭐니 뭐니 해도 삼신봉이다. 여기서 말하는 삼신봉은 청학 삼신봉이 아니고 주능선에 있는 삼신봉이다. 바로 촛대봉과 연하봉 사이에 있는 삼신봉을 일컫는 말이다. 촛대봉도 빼어나고 그 조망이 광대무비하지만 봉우리 자체가 좀 사납고 단조로워 볼 것이 없다. 그러나 삼신봉은 잘 생기고 전망 좋아 아름답고 예쁘다. 칼날 능선을 오르내리는 재미 또한 아슬아슬 스릴 있다.

삼신봉은 바위 봉우리 3개로 이루어져 있다. 그래서 삼신봉이다. 산 이름에 신(神)이나 선(仙)을 붙인 곳이 많이 있는데 이는 거의가 바위다. 나무나 숲은 이름으로 잘 활용되지 않는다. 가변성이 있기 때문이다. 칠선봉은 큰 바위 7개가 있다. 숲에 가려 잘 보이지 않지만 잘 찾아보면 바위 7개를 발견할 수가 있다. 그래서 칠선이다. 청학 삼신봉도 큰 바위 3개가 있다. 그래서 삼신이다.

촛대봉에서 급경사를 엉금엉금 내려가면 안부에 닿는데, 여기까지 촛대봉은 끝난다. 그리고 다시 급경사를 올라간다. 이것이 삼신봉의 시작이다. 험준한 바윗길이다. 오르기 힘들긴 하지만 일단 올라보면 그 전망과 풍취가 뛰어나다. 제2봉, 제3봉도 급경사 바윗길은 마찬가지다. 삼신봉을 오르내릴 때는 천하절경을 거닐듯 어슬렁어슬렁할 필요가 있다. 서둘면 사고 나기도 쉽고 그 분위기를 만끽할 수가 없다. 조심은

삼신봉에서 보는 광활한 산너울

하되 갓 쓰고 도포 자락 휘날리며 걷는 기분으로 느긋하게 보고 느껴야 한다.

3개의 바위 봉우리를 차례대로 넘어간다. 그런데 그 등산로가 동서를 넘나들며 가도록 되어 있다. 서쪽엔 반야봉과 노고단이 가다 말고 뒤돌아본다. 그리고 동쪽은 진주와 남해 바다가 눈부시게 아련하다. 전라도와 경상도를 이리 한 번 '끼꾹', 저리 한 번 '까꿍' 하며 새로운 시야가 열릴 때마다 감탄사가 절로 난다. 설악산 공룡 능선이 빼어나다 하지만 이렇게 오묘한 곳은 없다. 칼날 능선에 올록볼록한 바위 봉우리는 꽃망울처럼 예쁘고 맵시 있다.

그리고 삼신봉 구간은 구상나무의 아름다움을 빼놓을 수가 없다. 등산로에 고목이 된 주목이 한 그루 있기는 하지만 구상나무가 대세다. 바위틈에 용케도 자라난 구상나무가 그 맵시를 자랑한다. 그로 하여 졸시 한 수가 생겼으니 바로 구상나무 행진곡에 나와 있다.

촛대봉에 올랐다가 삼신봉에 건너뛰니
전라도와 경상도를 빙글빙글 돌아들새
굽이굽이 기암괴석 아름다운 정원이라
무뚝뚝한 구상나무 푸른하늘 희롱하네
바람불어 꺾인가지 눈비맞아 멍든잎새
온갖역경 이기고서 태양앞에 당당하다

그 3개의 봉우리 중에 하이라이트는 셋째 봉인 마지막 봉우리에 섰을 때이다. 이 봉우리는 너른 바위라 앉아 쉬기도 좋지만 조망이 아주 특별하다. 바로 건너편이 바위가 꽃을 피운 연하봉이다. 연하봉으로 오르는 등산로가 가르마처럼 곱게 나 있다. 이를 일러 천국의 계단이라 부른다.

어디 그뿐이랴 연하봉 뒤로 천왕봉이 웅장하게 솟는다. 거칠고 험준하다. 지금까지의 분위기와는 사뭇 다른 느낌이요 풍치다. 그래서 이곳을 통과하면서 사진을 찍지 않는 사람이 없다. 지리산 최고의 포토존이다.

이토록 훌륭한 풍치를 가진 삼신봉이 지리산 종주 능선에 있다는 것은 지리산의 자존심을 세워주는 데 큰 역할을 하고 있다. 사명당의 글귀에 '금강산은 秀而不壯(수이부장)하고 지리산은 壯而不秀(장이불수)'라 했다는데 그래도 삼신봉이 있어 지리산의 수려함에 대한 체면치레를 하고 있다.

그럼에도 불구하고 서운한 것은 그만큼 풍치 좋고 아름다운 경관을 가졌지만 어쩐 일인지 이정표 하나 세워져 있지 않다는 것이다. 그뿐 아니라 국립공원 지도나 안내서에도 촛대봉 다음은 바로 연하봉으로 건너 뛰어버리고 삼신봉이 있는지 없는지도 애매하게 하고 있다는 것이다. 청학동 삼신봉은 자나 깨나 들추면서…. 명선봉이나 덕평봉은 등산로가 그 봉우리를 직접 넘지 않기 때문에 표지판이 없다고 하지만, 삼신봉은 직접 넘는 봉우린데도 표지판이 없다. 등산객들을 위해서는 봉우리 이름의 안내를 아낄 필요가 있을까 싶다.

지리산 주능선에 있는 삼신봉과 청학 삼신봉

11 지리산

나는 백두대간 끝자락에 터를 잡고 산다
선조가 삼도도통사란 벼슬을 한 덕분에
남부럽지 않게 살고 있다

나는 침묵과 명상을 좋아한다
눈은 천리를 보고
귀는 언제나 자연의 소리를 듣는다
내 머리는 지혜로워 우주를 헤아린다
오랜 세월에 주름이 많지만 전혀 흉하지 않다
주름 따라 진리를 깨닫는 지혜가 묻어난다
천성이 무뚝뚝하지만
마음은 여려서 야생화도 가꾸고
새들도 기른다
계절마다 새 옷으로 신선한 기품을 선보이는데
화려한 변신을 할 때마다
사람들은 나를 보고 싶어 한다
그래서 옷자락을 더럽힐 때가 있지만
좀체 속마음을 드러내지는 않는다

나는 가끔씩 꿈을 꾼다

백두대간을 거슬러 그 머리로 올라가는 꿈 말이다

그래서 나는 날마다 나래를 펴는 연습을 한다

(2017년 10월)

천왕봉을 향한 노고단 일출(좌측이 반야봉)

모티브: 지리산을 의인화해보았다. 삼도도통사는 3도에 걸쳐 있음이요, 나래는 지맥(支脈) 산너울을 의미한다.

산은 땅에서 솟는 줄 알았는데
하늘에 떠다니는 산은 도대체 어디서 왔단 말이냐
- 에베레스트의 위용

2부

라니구라스
붉게 피는 히말라야

히말라야를 열며

아~

히말라야!

설산이 구름 속을 숨어 다녀요!

저 설산들은 땅에서 솟은 것이 아니라 하늘에서 내려왔나 봐요.

아희야, 청산은 어딜 가고 설산만 떠도느냐!

지구인으로 태어나 히말라야를 보지 못하고 세상을 끝낼 수 있으랴!

약국을 정리하고 몸과 마음이 한없이 가벼워진 데다, 지리산을 몇 바퀴 돌고 나니 히말라야가 생각났습니다. 나의 트레킹 친구와 뜻이 맞아 하이파이브를 했습니다. 그런데 어디로 갈 것이냐. 우리에게 잘 알려진 히말라야 트레킹 코스는 안나푸르나와 에베레스트 베이스캠프 정도지요. 그런데 안나푸르나 베이스캠프는 해발 4,200m요 에베레스트 베이스캠프는 5,400m이니 안나푸르나를 먼저 가는 것이 순서에 맞을 듯해요. 그런데 문제는 우리가 나이가 많아 70대 후반이라는 것입니다. 한 살이라도 젊을 때 높은 데를 가는 것이 합당하지 않느냐. 결국 순서가 뒤바뀌어 에베레스트를 먼저 가기로 했습니다.

국내 트레킹 여행사를 이용하면 간단한데, 우리 같은 나뱅이(나이 많은 사람)가 그들의 등반 스케줄에 맞춰 따라갈 수 있을까. 그보다는 차라리 개인 출발이 낫지 않을까. 생각 끝에 프리-트레킹으로 가닥을 잡았습니다. 지인으로부터 네팔 현지의 한국인 여행사를 소개 받고 출발 일자와 등반 코스를 알려주니, 그들이 일정표를 만들어 보내주었습니다. 뿐만 아니라 가이드, 포터, 입장료, 픽업 비용 및 숙식비 포함 제 비용도 알려주었습니다. 여행사와 비교해보니 20% 정도 저렴하였습니다.

현지에 도착하여 달러로 지불하니 그중에서 숙식비 일체를 네팔 화폐로 되돌려주었습니다. 이 돈을 받아 트레킹하는 동안 비용으로 쓰는데, 더 쓰고 덜 쓰는 것은 자유입니다. 가이드는 1명이지만 포터는 각각 1명씩 하는 게 좋습니다. 도중에 일이 생기면 분리할 수 있어야 하니까요. 그러므로 무게에 신경 쓰지 마시고 준비를 많이 해도 됩니다. 상비약, 반찬이며 간식거리, 옷가지 등등.

트레킹은 여유가 있어요. 하루에 고도를 500m 내외로 높입니다. 중간에 고소적응을 위하여 쉬는 날도 있고…. 3,000m 이상, 그러니까 남체 이후에는 소위 고소증 약 다이아목스를 하루에 한 정씩 먹습니다. 비아그라를 25mg씩 같이 먹기도 하지만 필

수는 아닙니다. 국내에서 못 구하면 네팔에서 구입합니다. 네팔에서는 처방 없이 살수 있습니다. 거리나 고도를 가볍게 보고 욕심을 내면 실패할 수 있습니다. 고소증은 아무도 장담 못합니다. 친구는 2,600m 첫날 고소증에 걸렸습니다. 아침에 찬물에 머리를 감았다는데…. 그 이후 4일을 버티다가 팡보체에서 결국 중도 포기하고 말았습니다. 밥이 넘어가지 않는대요. 콜라만 마시고 살아요!

샤워도 위험합니다. 더운 물 샤워를 해야 하고, 끝나면 얼른 모자를 써야 합니다. 3,000m 이상이면 내의도 착용하는 것이 좋습니다. 추워서가 아니라 보온에 신경 써야 하기 때문입니다. 그대신 느릿느릿 올라가면 됩니다. 중간 중간 마을이 있으니 차 한잔씩 하고 갑니다.

문제는 음식입니다. 우리는 스쿠버다이빙을 다니면서 동남아권 음식을 많이 접했습니다. 그래서 음식 준비를 전혀 하지 않았습니다. 현지식은 쌀은 안남미에, 면은 스파게티로 나오는데 계속 같은 음식이 나오니 그만 질렸습니다. 불행하게도 우리는 김이나 그 흔한 김치 깡통 하나도 준비를 안 했습니다. 그래서 음식 고생을 많이 했습니다. 그래도 필자는 초행인데도 비디오 촬영까지 했습니다.

안나푸르나 트레킹은 혜초여행사에 참여했습니다. 코스를 알아보니 약간 힘들 듯하여 우리 같은 나뱅이들도 가능하냐고 물었더니, 지리산 종주를 해봤냐고 물어요. 그래 가끔씩 한다고 했더니, 그럼 히말라야에 필요한 체력과 지구력에 문제 없다는 거예요. 지리산 종주가 히말라야에 통한다는 걸 그때 알았죠. 이왕이면 푼힐 전망대 경유 라운딩 코스를 택했지요.

푼힐은 히말라야 최고의 전망대입니다. 그 설산의 분위기와 일출 광경을 잊을 수가 없습니다. 푼힐에서 안나푸르나를 가자면 촘롱에 올라야 하는데 그 사이에는 깊은 계곡이 있습니다. 계곡을 건너는 데 1박 2일 걸립니다. 힘은 들지만 나름대로 히말라야의 깊은 속살에 심취하기도 했습니다. 하루의 이동 거리나 오르내리는 고도로 보아 에베레스트 트레킹보다 좀 더 힘이 듭니다.

혜초여행사는 트레킹만 8박 9일 하는 동안 계속해서 식사를 제공합니다. 쿡 팀이 한 발 앞서갑니다. 가끔 특식이 있긴 하지만, 식재료가 고급은 아니라도 쌀이 한국산인 데다 반찬이 간이 맞아 입맛에 잘 맞습니다. 아침에 일어나자마자 제공되는 따뜻한 티도 속을 편안하게 해줍니다. 세계 어느 나라 어느 여행사도 이렇게 하는 데는 없습니다.

그래도 두어 군데 다니고 나니 히말라야의 실체가 어렴풋이 떠오릅니다. 일찍이 접해보지 못한 짜릿한 매력이 있습니다. 히말라야 트레킹은 지리산 종주같이 험난하지도 않습니다. 그래서 지금도 기회가 된다면 히말라야를 가고 싶은 생각입니다. 은근하면서도 새벽 공기 같은 신선한 매력이 있습니다.

자세한 내용은 본문을 참조하세요!

덕송 김재농 드림
바람골 고기리에서

세계 3대 미봉 아마다블람과 에베레스트

1장

에베레스트는
인간의 꿈이었다

한 서린 에베레스트 베이스캠프

01 에베레스트 베이스캠프의 한(恨)

산이 땅을 막고
빙하를 막아서더니
인간의 의지마저 막아선다.
그곳은 에베레스트로 통하는 길목
사람은 출입금지라고 진작부터 빗장을 쳤다.

루클라*로부터 8일 만에 도착한 그곳
한 많은 토키아 패스*!
에베레스트 조난자들의 돌무덤이 수십 기다.
울컥하는 눈시울로 명복을 빈다.
그리고 쿰부빙하 언저리를 한없이 걸었다.
빛나는 설산들이 줄줄이 마중을 나온다.

해발 5,365m, EBC*!
험준한 바위산이 쭈뼛쭈뼛 병풍을 둘렀다.
길의 끝이요 막다른 하늘이다.
바람도 구름도 되돌아가는 그곳
인간은 거기에서 묘하게 길을 낸다.
8,848m, 저 높은 에베레스트까지.

영혼을 달래는 타르쵸*가 무덤처럼 쌓여 있는 그곳

많은 사람들이 주검으로 돌아왔다.

그들은 비통했다.

어떤 사람들은 환희를 안고 돌아왔다.

영웅이 되었다.

슬픔과 좌절이 지옥의 강물처럼 흐른다.

웃음을 잃은 그곳

천년의 슬픔과 침묵이 무겁게 가라앉아 있다.

구천을 떠도는 영혼들의 아우성이 들린다.

그러나 그러나

갈색의 텐트 속 화롯가엔 새로운 꿈이 무르익고 있다.

EBC는 아직도 출입금지다.

* 토키아패스: 딩보체와 로부체 사이에 있는 고개 이름
* EBC: 에베레스트 베이스캠프
* 타르쵸: 불교 경전을 적은 5색 깃발
* 루클라: EBC 트레킹의 비행장아 있는 전초 기지/ 해발 2,800m

(2016년 4월, 에베레스트 베이스캠프 트레킹)

02 에베레스트 베이스캠프에 도전하다

네팔, 카트만두 공항 한쪽 귀퉁이.

조그마한 프로펠러 비행기에 몸을 실었다. 루클라 행 국내선 비행기다. 루클라는 에베레스트, 로체 등 세계 최고봉을 오르는 쿰부히말라야의 관문이다. 1시간쯤 탄다는데 느낌에 고생 좀 하겠구나 생각했다. 타기 전 가이드가 하는 말이 오른쪽에 앉으라 했다. 하늘에서 히말라야를 구경한다는 것이다. 캠코더를 꺼내 들고 보니 히말라야는 왼쪽에 빛나고 있었다. 안달이 났지만 어쩔 도리가 없다. 정원 15명의 좁은 공간이라…. 캬~ 한국말을 한다는 가이드가 좌우를 구별 못 하는구나 생각했다.

카트만두가 해발 1,300m쯤 되고 루클라는 2,800m쯤 되니 계속 올라가는 비행이다. 산과 능선과 계곡이 한눈에 들어온다. 그런데 의외로 비행이 순조롭다. 프로펠러라 많이 흔들릴 줄 알았는데…. 기내에서 예쁜 스튜어디스가 사탕 하나씩을 주었는데 그 사탕 다 녹으니 비행은 끝났다.

첫날 밤을 벵카 마을에서

루클라에 안착했다. 포터 2명을 만나 카고백을 넘겨주었다. 비행장 뒤편을 돌아가니 비행장 전체의 모양과 세계에서 제일 짧다는 활주로가 한눈에 들어왔다. 마을로 들어서며 우리들의 히말라야 트레킹은 시작되었다. 일생 처음 꿈꾸어보는 히말라야 트레킹이 현실화되는 순간이다.

마을 안 골목길엔 등산용품과 기념품을 파는 가게들이 즐비하다. 대뜸 눈에 들어오는 것이 귀가 덮이는 모자다. 야크 털로 짠 수제품인데 알록달록하여 보기도 좋지만 위에 올라가면 필요할 것 같아 당장 구입했다. 루클라는 배후 도시답게 상당히 크다. 식당, 가게, 호텔 등이 쉽게 눈에 띈다. 오늘의 목적지는 팍딩이라는 마을이다. 해발 2,600m 정도니 200m는 족히 내려가는 행군이 된다.

윗부분에 부처가 있는 아치형 탑문(塔門)에서 친구와 하이파이브를 하고 가슴 벅찬 초행길을 출발한다. 소위 손님 환송 문이다. 곧장 내리막길이다. 바로 빨간 꽃과 마주쳤다. 반가웠다. 우리나라의 동백나무와 비슷하다. 가이드 왈 '라니구라스'라 했다. 알고 보니 네팔의 국화다. 그 외에 흰 꽃도 있다. 4월이라 그런지 꽃도 피고 날씨도 따뜻하여 기분이 좋다. 이들 꽃들을 보며 여유 있게 걸었다. 경사가 급한 길을 반대로 오르는 사람도 많다. 저들은 아마 등산을 끝내고 돌아가는 백전의 용사들이 아닐까 생각하니 부럽기도 하다. 자동차도 자전거도 없는 시골길이다. 먼 풍경들이 다소곳하다. 동네를 지나고 또 산길을 걷고…. 어느 마을에서 점심을 먹었다. 그런데 닭요리를 시켰는데 반 시간도 더 기다렸다. 한참 후 나온 식사가 멀건 국물에 닭고기 몇 토막 들어 있다. 다음부턴 빵과 같은 간단한 것으로 먹어야 할 것 같다.

그나저나 식후엔 커피도 한잔하면서 트레킹의 멋을 부려본다. 마을을 통과할 때마다 느끼는 것이지만 집들이 흰색과 푸른색으로 페인팅 되어 있다. 그들의 토속신앙에서 푸른 것은 하늘이요, 흰 것은 눈을 상징하는 것이고 보면 그럴 듯하다.

루클라를 출발하며

　드디어 팍딩(phakding: 해발 2,600m)에 도착한다. 팍딩이라는 동네는 계곡으로 빙 둘러싸인 운치 좋은 마을이다. 그러나 생각해보니 내일은 남체(해발 3,440m)에 올라야 하니 고도 차이로 보아 그 일정이 간단치 않을 것 같았다. 그래서 시간도 있고 하니 좀 더 가자고 했더니 1시간 남짓 더 진행하여 벤카(Benker)라는 마을에 여장을 풀었다. 숙소 이름도 멋있는 히말라야 게스트하우스! 2층 방에서 보는 설산이 멋있다. 우리가 진짜 히말리야에 왔구나 실감한다.

　야크-스테이크를 저녁 메뉴로 하여 맛있게 먹었다. 침낭을 펼까 하다가 이불이 두터워 그냥 잤다. 그것이 문제가 될 줄이야! 그런데 자다가 두 번이나 깼다. 추웠지만 그냥 고쳐 자곤 했다. 아침에 일어나니 목이 쐐한 것이 이상하다.

　걱정을 하면서 출발한다. 우리는 계속 강을 따라 올라간다. 이름을 둔코시 강(Dudh koshi khola)이라 했다. '둔'은 우유를 뜻한다는데 눈이 녹아서 우윳빛이란다. 시원한 물소리가 귀를 즐겁게 한다. 몬조 마을을 지나 행군은 계속된다. 경사면의 좁은 밭에는 감자와 배추, 대파 등이 심겨져 있다. 모래흙이라 기름지지 못하여 작물들이 죽지 못해 사는 것 같은 느낌이다. 그런데 문제가 생겼다. 친구가 음식을 먹지 못한다. 니글거린다는 것이다. 일시적인 것인지 고소증 증세인지 확실하지가 않다.

길은 강을 왔다 갔다 하면서 점차 고도를 높여간다. 강을 건널 때는 출렁다리를 이용한다. 이 다리는 튼튼하고 안전해 보이지만 소들이 건너거나 짐꾼이 건널 때는 많이 흔들린다. 아래에서는 잣나무가 숲을 이루더니 남체 가까이 가서는 전나무가 숲을 이룬다. 계속 오르막이다. 흙과 소똥이 범벅이 되어 걸을 때마다 먼지가 펄펄 난다. 입을 막고 다닌다. 지리산이 생각났다. 그 깨끗하고 싱그러운 지리산 말이다. 드디어 남체(Namche)에 도착한다.

남체에 오르는 마지막 출렁다리

남체는 해발 3,440m의 높은 곳에 형성된 마을이지만 쿰부히말의 요지요 중심 도시다. 셀파들의 고향이라고도 하는데 그만큼 히말라야에선 빼놓을 수 없는 유명 마을이다. 깔때기 모양으로 생겼는데 경사도가 제법 크다. 호텔과 상점은 물론이요, 약국과 학교, 국립공원, 센터 등이 자리잡고 있다. 남체는 문을 나서면 오르기 아니면 내리기다. 우리는 티베트호텔에 여장을 풀었다.

골목이 곧 바자르다. 없는 것이 없다. 남대문시장과 전혀 다를 바 없다. 사람도 많고 활기차다. 주로 등산용품과 기념품…, 베이커리, 갤러리, 약국 등.

그날 저녁엔 침낭을 꺼냈다. 낮에는 좋은 날씨 덕분에 고도는 높지만 추운 줄을 모른다. 그러나 밤엔 사정이 다르다. 온기라곤 없는 룸이 자칫 영하로까지 떨어질 수도 있다. 그래서 지난밤에도 고생을 했다.

아침 햇빛에 빛나는 설산들의 모습이 신비롭다. 특히 남체 앞에 있는 콩데 산은 하얀 구름과 어울려 환상적으로 빛난다. 보고 또 보고 아무리 봐도 하늘에서 내려온 산이다. 땅에 붙은 산은 결코 아니라는 생각을 하게 된다.

오늘은 고소 적응하는 날이다. 느긋하게 마을 뒤를 돌아 뒷산으로 오른다. 오르면 숨이 차다. 남체 시가지 전체가 한눈에 들어온다. 위에 올라갔더니 마치 지리산 세석평전처럼 넓다. 그 꼭대기에 있는 호텔이 유명한 에베레스트 뷰 호텔(3,800m)이다. 에베레스트가 잘 보이는 호텔이라는 뜻이다. 안으로 들어갔더니 검소하다. 양지바른 데 앉아 커피 한잔 음미하며 풍치를 즐긴다. 에베레스트(일명 초모랑마: 8,848m)를 중심으로 오른 쪽엔 로체(8,516m), 왼쪽으로 눕체(7,861m) 같은 고봉들이 한눈에 들어온다. 다른 트레커들도 많이 올라온다. 산을 내려와서 골목을 누비며 바자르 구경을 하며 시간을 즐긴다.

이렇게 하루를 보내고 다음 날 일정은 큰 사원이 있는 텡보체(Tengboche)다. 6시쯤 기상하여 6시 30분에 식당으로 가서 7시 30분에는 출발이다. 항상 그렇게 했다. 왜냐하면 고소증 때문에 느릿느릿 행군해야 하기 때문이다.

평야가 있는 팡보체 마을

　오늘도 역시 마을 뒤를 돌아 등고선 같은 산허리를 타고 나간다. 이름하여 에베레스트 하이웨이다. 마을도 있고 잣나무가 숲을 이루었다. 몇 굽이를 돌아 길은 내리막으로 이어진다. 여전히 야크들은 짐을 나른다. 고도 200m를 내려가서 개울가에 있는 풍기텡가에 다다랐다. 풍치가 좋다. 점심을 먹고 출렁다리를 건너 이제 고도 600m를 한꺼번에 올라야 한다. 숨차고 힘들다. 햇빛은 쨍쨍하지만 공기는 싸늘하다. 지그재그의 비탈길은 끝없이 이어진다. 짐꾼들도 힘들고 야크들도 힘들다. 몇 시간을 올라 산마루에 올라서니 바로 해발 3,860m인 텡보체였다. 휑하니 하늘이 열렸다. 금빛 찬란한 사원이 광장 옆에 자리 잡았다. 어제부터 계속 보아온 아마다블람 설산이 아주 가까이 다가왔다. 아마다블람은 세계 3대 미봉(美峰) 중 하나다.

　하룻밤을 보내고 7시 30분 출발이다. 넓은 길이 비스듬하게 내려선다. 아침이라 나무들도 싱그럽다. 얼마지 않아 디보체라는 마을을 통과한다. 디보체는 물가가 비싸

숙식하지 않는다는 가이드의 말이다. 오늘은 딩보체가 목적지였지만 팡보체에서 여장을 풀었다. 친구가 전혀 식사를 하지 못하기 때문이다. 아마도 고산 증세인 것 같아 안타깝다. 오후엔 마을 뒤 언덕에 올랐다. 생각보다 밭이 많고 평화롭다. 언덕 위에는 우리나라 최초의 14좌 완등자인 엄홍길 대장 학교가 있었다. 작은 운동장 곁에는 농구대도 세워져 있다. 밭에 감자 심는 모습을 잠깐 보았다. 한 사람이 괭이질을 하면 다른 사람은 감자 알갱이 하나를 통째로 던져 넣는다. 이랑도 줄도 없다. 물기가 전혀 없어 괭이질할 때마다 먼지가 펄펄 난다.

다음 날 아침 우리는 작별을 했다. 친구는 결국 하산을 결심하게 된 것이다. 마음이 아팠다. 포터와 함께 남체까지 되돌아가 병원을 다니면서 휴식을 취하기로 했다. 어려운 결정이다. 그러나 방법이 없었다. 아침에 일어나 찬물에 머리를 감았을 뿐이라는데…. 먹지를 못하니….

친구를 보내고 나는 홀로 가이드와 포터 1명과 함께 딩보체를 향하여 길을 떠났다. 아침을 여는 숲속 길은 싱그러웠다. 더구나 라니구라스의 붉은 꽃이 숲을 이루었다. 라니구라스가 왜 네팔의 국화가 되었는지 알 만하다. 오늘도 역시 험한 길이다. 천천히 걷는 데 익숙해져야 한다. 그래야 살아남고 성공할 수 있기 때문이다.

드디어 딩보체에 도착한다. 해발 4,400m다. 내 생애 최고로 높이 올라왔다. 몇 해 전에 오른 말레이시아의 키나발루 산이 해발 4,100m이니 말이다. 딩보체 마을은 제법 크다. 하늘색 지붕을 한 집들이 길게 늘어섰다. 롯지의 룸에서 보는 설산 경치가 좋다.

그러나 밖에는 물론이고 룸에 들어가도 춥다. 히터가 없으니 불기라곤 없다. 식당에서 식사할 때 잠깐 장작불을 피워준다. 그것으로 끝이다. 따뜻한 음료를 마시거나 아니면 침낭 속에 들어가야 온기를 느낀다. 그래서 일찍 잘 수밖에 없다. 내의를 꺼내 입었다.

아침에 일어나면 양치와 고양이 세수를 간단히 하고 카고 백에 짐을 정리한 후 식당으로 간다. 주문은 지난 저녁에 미리 해둔 터다. 6시 30분에 정확히 준비하라고 단단히 일러둔다. 식사를 하고 나면 다시 룸으로 돌아와 카고 백을 포터에게 넘기고, 물과 간식거리, 장갑, 카메라, 캠코더 등 필수품만 작은 배낭에 넣고 출발이다.

오늘은 로부체(4,910m)로 오르는 날이다. 트레킹도 막바지에 든 느낌이다. 역시 하늘은 맑고 푸르다. 얼마나 다행인지 모른다. 햇볕은 따뜻하지만 대기는 싸늘하다. 나는 감기 때문에 신경이 많이 쓰인다. 기침과 콧물이다. 그러면서도 숨이 차면 입을 벌려야 하고 입을 벌리면 찬 공기가 그대로 폐로 들어간다.

지형이 완전히 바뀌었다. 둔코시 강의 좁은 계곡은 넓은 로부체 강으로 바뀌었다. 이상하게도 상류라 수량은 많지 않지만 강폭은 더 넓어졌다. 빙하가 이렇게 만들었나 보다. 우리는 산허리와 등성이를 타다가 때로는 넓은 평원을 걷기도 한다. 땅의 분위기가 바뀐 것처럼 하늘의 분위기도 확연히 바뀌었다. 구름의 모양도 바뀌니 새 땅에 새 하늘이 틀림없다. 설산 속으로 계속 행군해 들어간다. 로부체에 거의 도달할 무렵 거칠고 높은 '토키아 패스'라는 고개를 넘는다. 고개 위에 오르니 바람이 아주 강하게 분다. 타르쵸가 바람 소리를 내며 하늘에서 펄럭인다. 그런데 이곳에는 에베레스트를 오르다 조난을 당한 사람들을 추모하는 돌무덤들이 어지럽게 흩어져 있는 것이 아닌가. 찾아보니 한국 사람도 있다. 눈시울이 뜨거워지고 숙연해진다.

로부체(4,910m)는 작은 마을이었다. 식당에 들르니 트레커들의 분위기가 숙연하다. 이 사람들은 내일 에베레스트 베이스캠프(EBC)에 오를 사람들이다. 고도가 높아지니 일교차가 커서 밤에는 영하로 떨어진다. 호텔 내부의 수도꼭지가 얼어붙었다. 화장실도 불결한 것을 보니 추워서 관리가 제대로 안 되는 모양이다.

식사 메뉴판을 가지고 왔는데 달걀 하나가 2,500원이다. 그것도 2개씩을 묶어서 주문을 받는다. 입맛이 없어 결국 식빵 하나와 달걀 2개에 잼으로 꿀을 선택했다. 밥을 먹으면 간단한데 안남미 쌀을 도저히 먹을 수가 없으니…. 그렇잖으면 스파게티 계통의 면 종류다. 감기에다 입맛이 없어 고생이 말이 아니다.

로부체의 하늘

결전의 날!

3시간이면 간다는 고락셉(5,140m)을 거의 4시간이나 걸렸다. 고락셉을 가는데도 고개가 하나 있다. '로부체 패스'라 했다. 경사가 급하고 지루하다. 호흡을 조절하며 느릿느릿 걸었다. 굼벵이와 늘보가 생각났다. 히말라야에선 그들이 살아남는다. 고락셉에 거의 다다를 무렵 빙하 건너편 바위산에 거대한 눈사태를 본다. 등산객을 순식간에 매몰시켜버리는 저 무서운 눈사태. 벌건 대낮에 그 위압적인 눈사태를 보다니! 그러나 그것은 뜻밖의 행운이었다. 캠코더에 열심히 담는다. 한참을 멍하니 서서 눈보라와 후폭풍을 구경한다.

고락셉은 하늘과 가까운 휑한 마을이었다. 에베레스트 베이스캠프에 이르는 최후의 마을이다. 이곳에서 점심을 먹고 바로 출발이다. EBC를 향하여!

에베레스트 베이스캠프

　편평한 길이 돌산으로 이어지더니 둑방길 같은 것이 나왔다. 가만 보니 사람이 쌓은 둑이 아니고 빙하가 쓸고 간 언저리가 이렇게 생긴 것이 틀림없다. 빙하란 바로 쿰부빙하다. 쿰부 지역엔 여러 개의 빙하가 흐른다. 그중 쿰부빙하가 제일 크다. 지금도 자갈밭 아래는 얼음이다. 빙하가 남아 있는 것이다. 아득한 둑방길의 끝부분은 높은 설산으로 빙 둘러 막혔다. 그 아래 자세히 보니 갈색 텐트가 옹기종기 모여 있다. 아~ 저기구나! 흥분을 가까스로 감추며 지루한 행군을 계속한다.

　끝부분에 이르러 둑을 내려가니 바로 에베레스트 베이스캠프(해발 5,365m)였다. 내가 드디어 그 유명한 EBC에 오른 것이다. 트레킹을 시작한 지 8일 만이다. 그런데 뚱딴지같이 갑자기 커피가 생각났다. 커피 생각이 간절한데 아무리 둘러보아도 커피 한잔 얻어 마실 곳은 없더라.

　묘한 분위기가 감돈다. 인간의 욕망을 무참히 짓밟는 대자연의 위압 때문인지, 숱

한 죽음을 잉태한 원혼이 깃들었기 때문인지 알 수는 없지만 분위기가 평안하지 않고 처절하다. 참 묘하다. 슬프고 무거운 느낌…. 마치 지옥의 입구 같은 느낌이다. 에베레스트 등정은 이 막다른 곳에서 다시 길을 내어 시작하는 모양이다. 지금도 저들은 등정을 준비하고 있나 보다. 정말 대단한 인간들이다. 나부끼는 타르쵸가 분위기에 어울린다. 성공을 빌어주기도 하고 원혼을 달래주기도 하는 그런….

EBC는 날카로운 바위 설산에 빙 둘러싸여 있다. 마치 막다른 골목처럼…. 그러고 보니 베이스캠프는 쿰부빙하의 시작 부분에 위치해 있었다. 그 아래로 넓은 계곡이 펼쳐지는데, 아마도 딩보체 아래까지 흘러가는 듯하다. 한동안 머물며 분위기에 젖어 본다. 정상에 오르면 환호가 나와야 할 것 같은데 마음이 착 가라앉는다. 너무 고생이 많았던 탓일까. 큰일을 이루어낸 뒤에 오는 허전함 때문일까. 아니면 뜻을 이루려다 조난당한 많은 원혼들의 침묵 때문일까.

에베레스트 베이스캠프에 서다

고락솁으로 되돌아와 하룻밤을 보냈다. 오늘은 칼라파타르로 오르는 날이다. 그런데 밤새 눈이 내렸다. 온 세상이 설국이다. 춥기도 하지만 아이젠을 착용하고 걸어보니 쉽지가 않다. 칼라파타르! 고도 400m를 올라야 하는데⋯. 거기서 뭘 보느냐고 가이드에게 물었더니 일출과 설산이란다. 나는 결정을 내렸다. 설산은 이미 많이 보아왔던 것. 하산을 결행한다. 왜냐하면 아직도 제대로 음식을 먹지 못하는 친구가 궁금하고, 또 빨리 만나 카트만두로 돌아가야 하기 때문이다.

　하산 길은 로부체를 지나 두글라(Dughla)에서 딩보체로 가지 않고 로부체 강을 따라 페리체로 가는 지름길을 택했다. 처음에는 눈발이 흩뿌리더니 우박이 쏟아진다. 우리는 악천후를 헤치며 쉴 틈도 갖지 못하고 로부체 강 언저리에 있는 페리체까지 빠른 걸음으로 걸었다. 페리체에서 따뜻한 차 한잔 마시고 쫓기듯 팡보체까지 돌아왔다. 그리고 다음 날 바로 남체로 와서 친구와 반갑게 만났다. 그러나 그는 기분은 가벼워 보였으나 여전히 콜라만 마시고 있었다. 바로 다음 날 루클라까지 이틀 거리를 하루 만에 강행했다. 늦은 밤 루클라에서 맥주 한잔하고 다음 날 카트만두로 돌아왔다. 12일 만이다.

　이렇게 히말라야 맛보기 트레킹은 반쪽 성공으로 끝을 맺었다.

(2016년 4월 6일, 루클라 출발, 트레킹 시작)

03 뿌리 없는 설산

산은 푸르러야 좋은 줄 알았는데
흰 산이 웬 말이냐.
산은 땅에서 솟는 줄 알았는데
하늘에 떠다니는 산은 도대체 어디서 왔단 말이냐.
남극의 빙하가 적도 넘어 올라왔나.
북극의 유빙이 제트*타고 내려왔나.
빨간 라니구라스*가 보고 싶을 땐
구름 속에 숨어서 몰래 몰래 찾아온다.

히말라야가 지구의 지붕이라지만

지붕은 날아가고 하늘만 남았다.

마니*가 힘차게 돌아가고

타르초*가 휘파람 소리를 내면

히말라야의 설산들은 나래를 편다.

떠도는 구름 휘두르고 살금살금

하늘세계를 누비고 다닌다.

트레커들은 헉헉 거리고

야크들의 신음이 워낭소리 타고 멀리멀리 울려 퍼져도

설산들은 아랑곳하지 않고 두피* 향을 흠향하며

천상의 세계를 즐긴다.

아희야

어찌하여 히말라야엔

청산은 간데없고 뿌리 없는 설산만 떠도느냐.

* 제트 : 제트기류
* 라니구라스 : 히말라야에 피는 꽃 / 네팔의 국화
* 마니 : 불교경전을 새긴 원통 / 손으로 빙글빙글 돌리면 좋다
* 타르쵸 : 경전을 새겨 줄에 매달아 바람에 펄럭이는 깃발
* 두피 : 그 나무로 향을 피운다 / 향나무를 닮았다

(2016년 4월, 히말라야 트레킹)

깔때기 모양의 도시 남체

04 세르파들의 고향 남체

눈을 뜨니 기분이 상쾌하다.

창문을 통하여 보이는 하늘 구름…. 진짜 히말라야로구나. 구름 사이로 반짝 빛나는 것이 있어 가만 보니 다이아몬드처럼 빛나는 설산이다. 별 볼 일 없는 설산이라지만 구름이 코디해주니 저렇게 아름답구나! 느긋하게 노려보며 침낭 속에서 히말라야의 아침을 즐긴다. 남체의 첫날밤은 그렇게 밝아오고 있었다.

말로만 듣던 남체. 세르파들의 고향이라는 남체. 세계에서 제일 높은 곳에 위치한 도시 남체, 해발 3,440m! 오늘은 고소 적응을 위하여 진군을 멈추고 남체의 품에 안겨 하루를 즐기는 날이다. 얼마나 꿈같은 일이며, 행복한 날인가.

남체는 비행장이 있는 루클라로부터 걸어서 이틀 길이다. 약 18km쯤 된다. 자동차는 물론 자전거도 우마차도 없다. 오직 걸어서 왕래할 뿐이다. 모든 식자재며 생활용품은 물론 심지어 건축 자재들도 사람과 당나귀와 소가 나른다. 그리하여 히말라야의 중턱에 에베레스트에 이르는 디딤돌을 놓은 것이다.

남체를 처음 본 순간 깔때기를 닮았구나 했다. 부챗살을 연상하기도 하고 로마 시대의 원형극장을 닮기도 했다. 그토록 가파른 비탈에 3층, 4층 건물들이 빼곡하다. 학교, 병원, 약국, 우체국, 은행, 빵집, 갤러리, 상점 등 있을 건 다 있다. 특히 남체를 남체바자르(Bazaar)라 할 정도로 시장 기능이 우수하다. 등산 장비는 가히 세계적이다.

남체의 뒷산을 탐세루크라고 하는데 그곳에는 에베레스트 뷰 호텔(3,870m)이라는 뷰포인트가 있다. 오늘은 그곳까지 고도 적응을 가는 날이다. 대개의 에베레스트 트레킹 객들이 남체에서 하루를 쉬는 이유이기도 하다. 내가 묵은 '티베트호텔'은 깔때기의 가장자리 윗부분에 위치하여 올라갈 때는 덕을 본다. 메인 골목을 따라 위쪽으로 올라가서 텡보체로 진행하는 길과 헤어져서 곧장 위로 오른다. 경사가 급하다. 힘들어 천천히 오른다. 다른 사람들도 헉헉거리며 올라온다. 높은 곳에서 내려다보니 남체의 모습이 한눈에 들어온다. 퍽 야릇하고 인상적이다. 급경사의 깔때기! 도시 전체가 와르르 블랙홀로 빨려 들어가는 형상이다. 더구나 앞은 높은 산이 가로막았는데. 바로 아침에 보았던 구름 속의 설산이다. 이름하여 '콩데(kongde: 6,093m)'라 했다. 뿔 달린 소 머리 같기도 하고, 어찌 보면 두꺼비 머리 같기도 하다. 여하튼 남체는 힘상궂게 생겼다. 점차 오르니 경사가 완만해지면서 고원 지대가 펼쳐지는데, 마치 지리산 세석평전보다도 더 넓고 황량하다.

에베레스트 뷰 호텔은 소박하고 작은 규모였다. 숙박보다는 그야말로 에베레스트를 구경하는 호텔인가 보다. 그 마당에 앉아 가이드와 함께 커피 한잔씩을 주문하고 분위기를 즐긴다. 태양은 따스하고 대기는 시원하다. 히말라야의 자락에서 한때를 즐기는 우리들이 대견스럽기도 하고 멋스럽기도 하다. 밖으로 나와 뷰-포인트에 서니

마치 블랙홀에 빨려들어가는 듯한 남체

에베레스트가 앞산에 가리어 봉우리만 쬐끔 보인다. 봉긋한 그 모습이 둥그스름 엄지 손톱을 닮았는데 좀 아쉽다. 그러나 구름을 휘감고 하늘을 찌르고 있으니 위풍당당 하다. 그 좌측으로 눕체(7,861m), 그 우측으로 8,000m 고봉 로체(8,516m), 그리고 세계 3대 미봉 중 하나인 아마다블람(Ama Dablam: 6,856m)이 솟아 있다. 아마다블람은 크고 작은 2개의 봉우리로 이루어졌는데 어머니의 진주목걸이라는 별명을 가지고 있다. 아마다블람은 팡보체에 이를 때까지 계속 보면서 올라간다. 천하의 고봉들을 눈앞에 두고 호쾌한 감회에 젖어본다.

에베레스트! 8,848m! 세계 최고봉!

티베트 이름이 '초모랑마'다. 이를 떠받들고 있는 것이 남체다. 남체는 오래 전부터 티베트와의 교역으로 이루어진 마을이지만 에베레스트 등반을 위한 전초 기지로서 크게 발전했다. 에베레스트를 초등한 사람은 뉴질랜드 사람 '에드먼드 힐러리' 경이다. 그는 영국 원정대에 합류되어 1953년, 즉 6·25 동란이 멈추던 그해 5월에 에베레스트를 초등했다. 힐러리는 이 성공으로 영국 엘리자베스 여왕으로부터 작위를 받는다. 그때의 세르파는 '텐징 노르가이'. 역시 남체 사람이다. 그래서 남체는 세르파들의 고향이라 한다.

우리나라 산악인들도 가만 있지 않았다. 아니 그보다 더 열정적으로 달려들었다. 1977년 9월에 제주 사람 고상돈 대장이 초등을 하는가 하면 이후 히말라야를 향한 거센 파도가 일어났다. 그리하여 에베레스트는 물론이요, 더 나가서 8,000m 고봉 14좌를 모조리 등정하는 붐이 일어난다. 바로 박영석 대장과 엄홍길 대장이다. 그 후로도 여러 명의 완등자가 나타난 것으로 알고 있다. 특히 여성의 도전도 만만치 않았다. 약간의 구설이 있긴 하지만 14좌를 완등한 오은선 대장 같은 걸출한 여성 등반가가 나타나기도 했다.

에베레스트 뷰 호텔의 커피 한잔 / 좌측이 필자

    이들이 등반할 때는 반드시 셰르파들의 도움을 받는데 거의 다 남체 출신의 고산족들이다. 그러나 그들의 명성은 참고로 존재할 뿐이다.

    오늘날 에베레스트 등정은 완전 상업화되어 있다. 산을 좋아하는 사람들은 에베레스트가 그 마지막 염원일지도 모른다. 시즌이 되면 한 달에 수백 명씩 줄을 서서 올라간다고도 했다. 오르고 내리고…. 교통 체증이 생길 정도다. 그래서 남체는 더욱 번창할 수밖에 없다. 활기가 넘치고 물자도 넘쳐난다. 우리처럼 베이스캠프까지만 가는 트레커들이 더 많은 것은 말할 것도 없다.

    남체는 하늘에 떠 있어 마치 우주 정거장 역할을 한다. 해발 3,440m의 높은 하늘에 떠서 하늘로 가고저 하는 사람들을 도와준다. 남체는 높은 곳에 오르고자 하는 인간의 욕망을 잘 알고 있다. 그래서 에베레스트를 오르는 사람들은 꼭 남체를 즐기고 휴식하고 그리고 스스로를 가다듬는다. 힐러리 경은 후배 산악인들에게 "It's not the mountain we conquer but ourselves(우리가 정복하는 것은 산이 아니라 바로 우리 자신이다)."라는 명언을 남겼다. 추위는 말할 것도 없고 빙벽과 위험, 희박한 공기와 고통을 이겨내는 자기와의 극한적인 싸움 없이는 오를 수 없기 때문이다.

호텔을 떠나 시내로 돌아와 빵집을 찾았다. 고산병을 앓고 있는 친구가 아직도 식사를 못 하기 때문이다. 콜라와 빵을 앞에 놓고 나는 생각했다. 히말라야는 아무 볼 것이 없다. 사람이 살기에는 너무나 혹독한 환경, 그리고 아득히 보이는 희미한 설산뿐이지 않은가. 그런데도 올라야겠다는 마음이 불같이 솟구치니, 이것이 히말라야의 매력일지도 모른다.

다음 날 나는 꿈길 같은 '에베레스트 하이웨이'를 돌아간다. 에베레스트 하이웨이는 산허리를 돌아가는 평탄한 길인데, 앞에는 손톱 같은 에베레스트요, 옆에는 진주목걸이 같은 아마다블람이요, 뒤돌아보니 뿔이 사나운 콩데가 잘 다녀오라고 손을 흔들어준다. 히말라야의 아침 햇빛을 받으며 풍기텡가를 거쳐 텡보체 행군을 시작한다.

에베레스트 베이스캠프 등정을 마치고 되돌아오니 남체는 고향과 같은 느낌이었다. 살아 돌아온 안도의 느낌. 큰일을 성공하고 개선한 성취의 느낌…. 그래서 남체는 오래오래 기억에 남을 것이다.

05 야크똥 히말라야에 오르다

에베레스트 오르는 사람은
둔코시 강을 따라 트레킹을 한다
그런데 길바닥은
가벼운 먼지로 두텁게 덮여 있다
모두가 야크똥이다

야크 뱃속을 빠져나온 똥은 길바닥에
철퍼덕 철퍼덕
쌓이고 쌓인다
똥은 점차 건조되고
많은 발바닥이 밟고 지나간다
가루가 된다
살랑바람 불어오던 어느 날
그는 사람 입속으로 재빠르게 들어간다
사람이 설산을 오른다
성취의 기쁨으로 포효할 때
냉큼 튀어나온다.
그리고 그는 외친다
높고 신성한 히말라야여
야크똥이 드디어 설산에 올랐도다

야크똥을 먹지 않고는

에베레스트에 오를 수 없느니라

(2016년 4월, 히말라야 EBC를 트레킹하며)

먼지가 풀썩풀썩 나는 길 바닥

눕체(7861)

에베레스트(8848)

에베레스트뷰

아마다블람(6856)

ㅔ(8516)

망(3800) / 남체

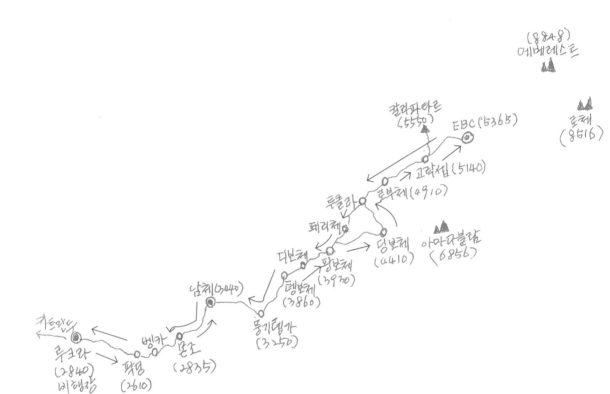

※ 위 코스 지도는 거리보다는 높이를 참고했습니다.

안나푸르나 라운딩 코스

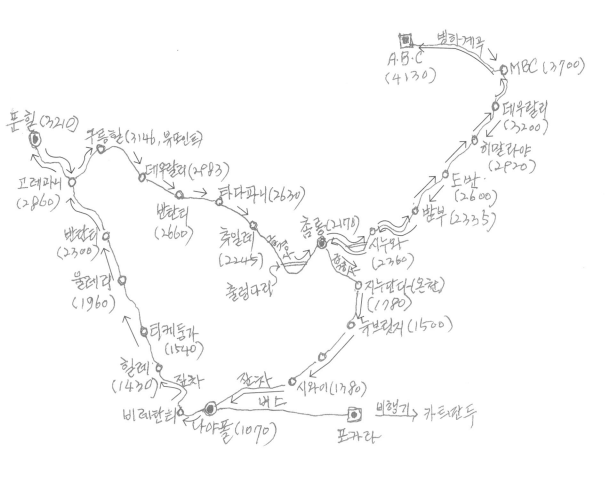

※ 위 코스 지도는 거리보다는 높이를 참고했습니다.

안나푸르나를 배경으로 포즈(필자)

2장

벽안의 그녀,
안나푸르나

벽안의 그녀, 안나푸르나 산맥

01 벽안의 그녀

히말라야로 달려갔다
반겨주는 사람 없는 험준한 그곳에
푼힐을 오를 때만 해도 설산에 환호했다
그리고 히말라야 산록을 며칠을 걸었다
촘롱에 올랐을 때 생각났다
언젠가 보았던 유난히도 눈이 파란 그녀, 안나
그제야 알았다
내가 왜 히말라야로 오게 되었는가를

그녀를 보고 싶었다
대숲*을 헤매다가 거친 계곡길을 한없이 올랐다
해는 서산에 걸리고 몸은 지치고
그때 구름 속에 홀연히 나타난 그녀
그녀는 물고기*와 천진스레 놀고 있었다
하얀 드레스에 파란 눈
그 눈에는 이슬 같은 고독이 스며 있었다
첫눈에 반했다
나는 꿈을 꾸듯 그녀만 바라보았다

그녀와 도란도란 하룻밤을 보냈다

우리는 헤어져야만 하는 운명인가

그녀와 나는 부둥켜안고 이별을 설워했다

흐르는 눈물이 도랑* 되어 흐른다

그녀는 울먹이며 눈물 따라가라 했다

뒤돌아보고 또 보고…

아~ 나는 다시 그녀를 볼 수 있을까

* 대숲: 밤부마을/ 대나무가 많다
* 물고기: 마차푸차레 봉의 별명이 물고기 꼬리다
* 도랑: 모디콜라 강/ 안나푸르나가 시원이다

(2017년 11월, 히말라야 안나푸르나 트레킹에서)

02 안나푸르나를 찾아

정말 별천지다.

시가지 위로 히말라야가 병풍을 둘렀다. 설산이 햇빛에 반사되어 은빛으로 빛난다. 그 신비로운 모습을 나는 꿈을 꾸듯 바라보았다. 과연 '포카라'는 히말라야의 도시다.

14개의 카고 백을 싣고 우리는 공항을 빠져나오며 모두들 싱글벙글한다. 버스가 도시를 벗어나자 산속으로 들어간다. 그리고 큰 산을 넘어 돌고 돌아드니 나야폴이다. 해발 1,070m! 포카라를 출발한 지 2시간. 이제부터 안나푸르나 라운딩 트레킹을 시작하는 것이다. 나야폴은 안나푸르나 트레킹에서 원점 회귀하는 마을이다. 이곳에서 출발하여 이곳으로 돌아온다. 오늘은 힐레를 거쳐 울레리까지 트레킹한다.

데우랄리 계곡의 타오르는 황혼

나야폴에서 가이드와 포터를 소개하고 카고백을 풀어 트레킹 준비를 한다. 그리고 가까운 거리에 있는 비레탄티 마을에서 점심을 먹고 지프로 출발한다. 안나푸르나에서 발원하는 모디콜라 강이 시원스레 흐른다. 다리를 건너 비포장 산길을 지프차가 덜커덩거리며 오른다. 힐레까지의 이 험악한 산길은 걸어가야 할 것 같은데 혜초여행사에서 편의상 지프를 이용하는 듯하다. 나야폴에서 힐레까지 길도 험하지만 거리가 짧지 않다. 힐레(1,430m)에서부터 트레킹을 시작한다. 산비탈에는 테라스 밭들이 인상적이다.

2017년 11월 4일. 네팔 카트만두 공항에서 가이드를 미팅한 대원들은 모두 14명이었다. 부부 2쌍을 포함하여 남자가 9명이요, 여자가 5명이다. 모두 초면이지만 산행에는 베테랑인 듯하다. 카트만두에서 하룻밤을 보내고 다음날 30인승 국내 항공편으로 호수의 도시 포카라에 도착한 것이다.

제법 긴 행렬이 형성되지만 가이드가 앞뒤로 막아서니 낙오될 염려는 없다. 줄다리가 놓여 있는 티케둥가를 지나 행군은 계속되고, 날씨는 좋다. 문제는 돌계단이다. 경사는 급한데 고도 500m가 온통 돌계단이다. 계단이 수천 개라 한다. 그래도 올라야 했다. 오르지 않고는 다른 방법이 없지 않은가. 그래서 울레리 울레리 하며 올랐다.

드디어 울레리(1,960m)에 도착한다. 울레리 마을 자체도 돌계단으로 이어지는 가파른 경사면이다. 그런데도 3층 건물이 들어서 있으니 그들의 저력을 알 것 같다. 이곳에서는 샤워도 했다. 샤워장이라야 바깥과 뻥 뚫린 공간이었는데 더운물이 짤짤거리며 흘러나온다. 샤워를 하고는 얼른 모자를 썼다. 체온을 보전하기 위해서다. 울레리의 밤하늘은 별천지다. 북두칠성, 북극성, 오리온 좌가 완연하다. 저 별은 나의 꿈을 싣고 안나푸르나로 가나 보다.

둘째 날이다.

오늘은 계단이 적다. 그래서 그나마 살 것 같다. 나무들이 키가 커서 햇볕을 완벽하게 차단해주지만 습하다. 그래서 나무 위에 거머리가 많다고들 했는데, 여름이 아니어서 그런지 한 마리도 구경은 못 했다. 반탄티를 거쳐 오늘의 숙박지인 고라파니(2,860m)에 도착한다. 울레리와 고라파니는 고도로 약 900m 차이가 난다. 지리산 같으면 고생 좀 해야 하는데…. 그렇게 어렵진 않다는 생각이 들었다. 좀 일찍 도착하여 동네 구경을 하며 구름 속에 숨어 있는 설산들을 찾아보기도 한다.

그럭저럭 셋째 날이다.

한 섬 자고 일어나니 새벽 4시! 바로 산행 준비에 들어간다. 출발하기 전에 따끈따끈한 차 한잔씩을 준다. 가이드들의 배려다. 4시 50분 출발! 푼힐 전망대(3,210m)까지는 고도로 350m 정도지만 이미 고도가 높은 데다 완전 급경사 계단 길이라 힘들다. 헤드램프를 켜고 서서히 오른다. 그래도 숨이 턱에 찬다. 달도 별도 벌써 일어나 우리를 응원하고 있다. 특히 샛별이 열성이다. 한국에서 보던 샛별을 히말라야에서 보니 더욱 반갑다.

푼힐에 올라서자마자 초라한 간판이 서 있다. 인증 샷을 날리고 바로 일출 방향으로 앵글을 잡는데 아직이다. 그런데 서쪽으로 가라는 소리가 들려 일출은 동쪽에서 일어날 것인데 왜 서쪽으로 가야 하나 의아하게 생각했다. 그런데 그쪽으로 갔더니 진짜는 여기에 다 있다. 높은 설산들이 벌써 태양의 빛을 받아 싱글벙글 웃고 있지 않은가. 오히려 왜 이제 오냐고 엄살을 부린다.

정말 황홀하고 스펙터클하다. 가히 우주적이다. 내로라하는 설산들이 캉캉춤을 추듯 구름을 살짝살짝 가리면서 환상적이고 육감적인 분위기를 연출하고 있다. 왼쪽으로부터 다울라기리 산군이 펼쳐지고 중앙엔 안나푸르나 산군 그리고 우측으론 날카로운 마차푸차레 산군의 모습이 펼쳐진다. 감탄이 절로 난다.

ABC를 오르며 뒤돌아본 마차푸차례

푼힐 광장은 인산인해다. 지구상에 있는 온갖 종족이 다 모였다. 비록 종족은 다르지만 히말라야를 즐기겠다는 하나의 소망으로 고난을 무릅쓰고 이 자리에 왔을 것이다. 그들의 소망에 축복이 있으라! 일출이 이루어진 뒤에야 동료들을 찾아 나선다. 그들은 서로 사진 찍고 찍어주고, 추억의 순간을 놓칠 새라 바쁘다. 중앙에 세워진 전망대에도 올라 아래를 내려다보며 시간을 즐긴다. 동서남북 찾아다니며 그 신비로운 풍경을 머리에 담고 가슴에 담고 눈에 각인하느라 보고 또 본다. 일생에 처음이요 어쩌면 마지막일 이 풍광과 느낌을 새기고 새긴다. 단체사진을 끝으로 서서히 하산을 독려한다. 내려오면서 숲 사이로 보는 설산들이 더 멋있다. 더구나 기분이 붕 뜬 데다 숨도 차지 않고 다리도 가뿐가뿐. 성취감에 가슴마저 부풀더라.

고레파니 숙소로 돌아와 아침 식사를 하고 약간 늦게 출발한다. 오늘 일정이 빡빡한지 별로 쉬지도 못하고…. 역사는 새벽에 다 이루고, 이제 ABC로 가는 4박 5일간의 장도에 오른 것이다. 그러나 출발하자마자 오르막이라 숨차고 힘들다. 현지인들이 '구룽 힐'이라 부르는 봉우리다. 혜초에서는 이를 뷰 포인트 전망대(3,180m)라고 소개하고 있다. 올라보니 새벽에 올랐던 푼힐이 빤히 건너다보인다. 이곳에선 다울라기리가 정면으로 보인다.

구룽 힐을 떠나 조릿대 숲을 따라 능선을 타더니 급강하한다. 반탄티를 거쳐 점심을 먹는 타다파니(2,600m)까지 고도로 600m를 떨어진다. 그러자 계곡이 아름답게 살아나고 단풍이 절경이다. 히말라야에는 단풍나무가 없는지 빨간색이 없고, 우리나라의 굴밤나무처럼 황갈색이 대종을 이룬다. 그래도 좋다. 거칠고 단조로운 히말라야 깊은 산속에서 잠시나마 아름다움과 풍요로움을 느끼게 해주니 말이다. 오르내림을 계속한 끝에 츄일레라는 전망 좋은 롯지에 배낭을 내려놓으니, 해발 2,245m다. 저 아래로 모디콜라 강의 지류인 그룽콜라가 은하수처럼 반짝이며 흐른다.

혜초의 쿡(cooking) 팀은 여기까지 따라오면서 식사를 제공한다. 메뉴가 고급은 아니지만 하루 세끼를 다양하게 제공해주니 더할 나위 없다. 지난 해 EBC에 올랐을 땐 현지식으로 많은 어려움을 겪은 터라 더욱 고마웠다. 매일 식기와 곤로 등 식재료를 운반해야 하는 그들에게 감사와 박수를 보낸다.

히말라야의 깊은 곳에도 태양은 뜬다. 츄일레의 일출은 롯지 정면에서 일어났다. 구름 한 점 없는 발가벗은 일출이다. 일출은 어디서나 일어나지만 히말라야의 일출은 귀하지 않은가. 우리들의 장도에 서광이 비치길 바란다.

출발과 동시에 급경사 내리막길이다. 츄일레 계곡은 좁고도 깊었다. 아마도 강을 따라가는가 보다 했는데 그게 아니었다. 출렁다리로 계곡을 건너더니 맞은 편 높은 산으로 치솟는다. 아, 진정 이 험준한 산을 넘어야 하는가. 수천 개의 울레리 계단을 올라야 했듯이 우리는 이 산을 단연코 넘어야 했다. 촘롱이 그곳에서 우리를 기다리고 있기 때문이다. 그런데 아주 뜻밖의 식물을 발견했다. 바로 도둑놈가시다. 우리 집 텃밭에서는 보기만 하면 가차 없이 뽑아버리는 건데, 이곳에서 보니 얼마나 반가운 지…. 고향 친구를 만난 거 같더라.

드디어 따스한 햇볕과 꽃들의 환영을 받으며 개선장군처럼 촘롱(2,170m)에 올랐다. 촘롱은 교통의 요지다. 아래로는 모디콜라 강을 따라 나야폴로, 간드룩으로, 그리고 푼힐로 가는 길이요. 위로는 ABC로 가는 유일한 길이다. 그러니까 사거리 중심이다. 그 명성만큼이나 전망도 좋다. 이곳에서 점심을 먹으며 태양을 즐긴다. 가자, 시누와로!

촘롱언덕에서 보면 시누와가 손에 잡힐 듯 건너다보인다. 그러나 그 사이엔 넓고 깊은 계곡이 있다. 이 계곡을 일러 촘롱콜라(1,830m)라고 하는데 엄청난 돌계단이 이어진다. 그러나 계단길 옆에는 원주민 집들이 있어 감자며 토란, 콩, 양배추 등을 재배하는 농촌의 풍경을 볼 수 있어 지루하지 않았다. 마지막엔 출렁다리를 건너 시누와로 올라간다.

ABC 빙하가 쓸고간 자리에 앉아 분위기를 즐긴다

오르고 내리는 사람들이 많다. 나마스테, 나마스테! 우리말로 '안녕하세요'라는 뜻이다. 영어가 세계 공통어라면 네팔의 '나마스테'는 히말라야 공통어다. 여러 종족을 만나니 정확한 인사를 한다는 것은 불가능하다. 그래서 나마스테다. 심지어 한국 사람끼리도 그렇게 한다. 그러다가 한국말이 튀어나오면 다시 인사를 하기도 한다.

시누와(2,360m)의 밤도 별 천지다. 별도 별이지만 건너다보이는 촘롱언덕의 불빛이 포물선을 그린다. 밤하늘에 뜬 빛의 포물선이 기이한 정취를 자아낸다. 히말라야의 밤은 깊어가고 별들은 히말라야를 노래하느라 잠을 이루지 못한다.

별과 함께 하룻밤을 보내고 오늘은 ABC를 정조준하여 오르는 날이다. 우리는 언제나처럼 아침 5시 30분 기상, 6시 30분 식사, 7시 30분 출발이다. 오늘은 밤부, 도반, 히말라야 마을을 거쳐 데우랄리까지 오르는 일정이다. 고도로 치면 900m를 올라야 한다.

대나무가 많다고 밤부(2,310m)라 한다더니 정말 그렇다. 천지가 대나무 숲이다. 길에도 언덕에도 개울가에도⋯. 대나무는 잎이 늦게 나오는지 아직 연초록이다. 그래서 눈이 시원하다. 그러나 문제는 계속 내려간다는 것이다. 본전을 까먹으니 마음이 쓰리다. 그래도 밤부를 거쳐 도반에 오르니 해발 2,600m이다. 본전 까먹고도 300m나더 올라왔다. 도반에서 점심을 먹고, 더운 물 채우고는 출발이다.

이제 계속 오르막이다. 하늘이 우중충하더니 빗방울이 떨어진다. 그러나 갈 길은 가야 하니 배낭만 커버를 씌우고 행군을 계속한다. 여태까지 좋은 날씨에 호강했는데, 비 좀 맞으면 어떠랴! 모두들 기가 살아 있다. 히말라야(2,900m)에서 잠시 쉬었다가 우의를 재정비하고 출발이다.

안나푸르나 남봉의 위용

〈데우랄리의 북두칠성〉

총 천연색 우의를 받쳐 입고
고개 넘어 개울 건너 히말라야 산록을 휘돌아 드네.
깊은 골짜기 좁은 하늘엔 노을이 붉게 타고
하늘은 붉어서 좋다마는 어두운 땅은 어떡하나.
마음은 급하고 몸은 지치고
데우랄리는 어디메뇨.
타르쵸가 휘날리는 어느 바위산을 넘어서니
눈이 빠지도록 기다리고 있는 어둠 속 데우랄리
데우랄리는 해발 3,200m.
하늘이 손바닥만 한 데우랄리에도 밤은 찾아왔다.
우중충하던 비구름은 간데없고,
그 좁은 골짜기에도 별이 뜬다.
북두칠성이 국자의 손잡이는 산에 잡아먹히고 주걱만 남았다.
산 그림자 더욱 짙은데 두둥실 달 오르니
골짜기가 더욱 을씨년스럽구나.

새날이 밝았다. 결전의 시간이 다가왔다. ABC는 도망가지 않겠지! 고소증 약 다이
아목스 한 알을 처음으로 먹었다. 벌써 두통을 호소하는 사람이 생긴다. 필요하다는
대원을 찾아 약을 나누어주었다.

출발! 넓은 골짜기에 모디콜라 강이 새벽빛을 발하며 흐른다. 우리는 그 언저리를
따라 걸었다. 마차푸차레 꼬리 부분이 하얗게 보이기 시작한다. 풍치가 좋아 사진 촬

영에 열을 올린다. 이렇게 한가롭게 오른 것이 어느덧 마차푸차레 베이스캠프(MBC, 3,700m)에 도착한다. MBC는 아주 훌륭한 명당 자리다. 뒤에는 마차푸차레가 곧추섰고 앞에는 안나푸르나가 길게 누웠다. 건너다보이는 안나가 손에 잡힐 듯 가깝다. 더구나 길이 부드러운 경사라 금방 갈 것 같다. 느긋하고 즐거운 분위기 속에서 점심도 먹고 환담도 나눈다.

이제 급할 것도 힘들 것도 없다. 빤히 보이는 그곳을 가기만 하면 되니까. 그곳에서 숙박을 하기 때문이다. 그래서 쉬엄쉬엄 걸었다. 바위에 올라가 멋을 부리기도 하고, 풀밭에 앉아 분위기에 젖는다. 마차푸차레가 구름 속에 휩싸이기도 하고, 안나가 파란 하늘을 이고 교태를 부리기도 한다. 이곳은 설산들의 놀이터! 안나의 저 하얀 블라우스는 무엇을 뜻할까. 지고의 순수요 순결이 아닐까. 그렇다면 저 파란 하늘은? 낭만일까 아니면 사랑일까. 여하튼 저 청백(靑白)의 조합은 파란 가을 하늘에 흔들리는 코스모스처럼 어딘가 모르게 가슴을 찡하게 한다. 안나푸르나 빙하가 쓸고 간 넓은 계곡은 풀밭이다. 부드러운 풀밭은 우리들의 마음을 완전히 허물어뜨렸다. 분위기에 취하여 걸음걸이가 느려졌다. 그래도 고도가 높아 오르기가 힘든 것은 어쩔 도리가 없다.

안나푸르나 베이스캠프에 드디어 올랐다. 해발 4,130m! 안나푸르나 남봉이 코앞에 솟았다. 날카로운 등줄기가 길게 이어진다. 8,000m가 넘는 제1봉은 그 끝에 솟아 있다. 하늘은 유난히 푸르다. 그 푸름 속에는 꿈과 따스함이 녹아 있고, 슬픔과 고독이 서려 있다. 우리들의 가슴에 격랑을 일으키기에 충분하다.

말로만 듣던 안나푸르나. 6일 동안 땀과 고통 속에 오른 안나푸르나. 환호가 터져야 할 것 같은데…. 안나 남봉의 웅장하고 위압적인 모습이 그 환호를 삼켜버린다. 방 배정을 받자마자 고 박영석 대장의 위령탑에 올랐다. 태극기로 장식된 돌탑은 언제나 남봉을 바라보고 있다. 뜻밖의 눈사태에 변을 당한 그분과 2명의 대원의 영전에 명복을 빈다.

고 박영석 대장의 추모탑

여기서 뒤돌아보는 마차푸차레가 가히 환상적이다. 살포시 꽃구름 두르고 앉아 있는 모습이 우아하다, 그리고 근접할 수 없는 위엄이 있다. 마차푸차레가 세계 3대 미봉이라더니 그 진면목을 잘 보여주고 있다.

혜초의 쿡 팀은 여기까지 따라와서 식사를 챙겨준다. 정말 대단하다. 세계 어느 나라 어느 여행사도 이렇게 하는 데는 없다. 그래서 히말라야 ABC는 완전 한국의 독무대가 되었나 보다. 대단한 전략이요 대단한 시도임에 틀림없다.

안나푸르나는 엄청난 찬 기운을 내뿜는다. 그래서 그런지 여태 멀쩡하던 물이 꽁꽁 얼어붙었다. 마당이 온통 얼음인데 룸에도 온기라곤 없다. 난로라도 피워주면 좋으련만 나무를 구할 수 없단다. 침낭 속에 들어가서 제 몸으로 덥힐 수밖에 없다. 별이 빛나는 밤이다. 일부 회원들은 밤중에 일어나 별 사진 찍느라 열성이다.

안나푸르나에 올라 도깨비 단체 사진

콧바람이 차서 그런지 아침에 일어나니 감기 기운이 있다. 지난번 EBC 트레킹 때도 감기 때문에 고생했는데 이번에도 기어코 걸리고 마는구나. 모두들 일출 구경하느라 부산하다. 일출이래야 태양을 보는 것이 아니라 안나푸르나에 햇빛이 비치는 것을 보는 것이다. 귀퉁이 공터에 모여서 사진 촬영으로 바쁘다. 단체사진도 촬영하는 등 마지막 흥을 돋운다.

이제 우리는 내려가는 일만 남았다. 뜻을 모두 이루고 우리는 떠난다. 한 사람의 안전사고 없이…. 발걸음도 가볍다. 안나푸르나와 마차푸차레를 번갈아 보면서 우리는 떠난다. 거침없이 내려왔다. 가다가 중지하면 아니 간만 못하니라…. 열심히 걸었다. 도반을 지나 밤부에까지 내려왔다. 하룻밤을 자고 촘롱에 올랐다. 촘롱에서는 올 때와 달리 모디콜라 강가에 있는 온천마을 지누단다로 내려간다. 아주 급경사 내림 길이다. 노천 온천은 모디콜라 강가에 있었는데 심신을 푸는 데 아주 안성맞춤이다. 안나푸르나의 마지막 밤을 온천으로 마무리하니 얼마나 즐거우랴! 그리고 저녁엔 그동안 고생한 가이드와 포터, 그리고 쿡 팀들의 노고를 치하하는 캠프파이어를 열어 노래와 춤으로 젊음과 우정을 노래했다.(여기까지 캠코더 촬영을 마쳤다.)

그리고 다음 날 뉴-브릿지 옆을 지나 시와이까지 5시간 산길을 탔다. 그곳에서 점심 먹고 대기하고 있던 지프로 나야폴에 도착하여, 다시 버스로 환승하여 포카라까지 간다. 포카라 호텔에 여장을 풀고 보니 시가지 너머로 히말라야가 아직도 미소 짓고 있다. 저 미소는 또 오라는 뜻이겠지…. 정원에는 꽃들이 마치 우리들의 등정을 축하해주는 듯 활짝 웃는다. 트레킹만 8박 9일. 대장정의 막을 내린다.

안나푸르나에 아침해가 돋는다

울레리 오르는 돌계단

03 푼힐의 노래

올라도 올라도 끝이 없네
돌계단이 수천 개라 하네
땀은 흘리면 그만이지만 숨차서 못 가겠네
구름아 구름아 내 손을 끌어다오
바람아 바람아 내 등을 밀어다오
나는 고라파니*로 가야 하네

울레울레 울레리 울레리 울레

힐레 위에 울레리*요
울레리 위에 고라파니가 있네
고라파니는 왜 가나
푼힐*에 오르려 가지
푼힐은 왜 가나
히말라야를 보려고 그래서 가지

울레울레 울레리 울레리 울레

그곳엔

빛나는 설산들이 오손도손 살고 있네

땅에서 솟아났나 하늘에서 내려왔나

높기도 하려니와 그 자태 우아하네

다울라기리 안나푸르나

그리고 깡마른 마차푸차레

안개구름 휘감고서 왈쓰로 돌아가네

울레울레 울레리 울레리 울레

* 울레리: 푼힐에 오르는 마을이름/ 해발 1,960m
* 고라파니: 푼힐 바로 아래에 있는 마을/ 해발 2,860m
* 푼힐: 해발 3,210m/ 안나푸르나산군에서 제일 유명한 전망대

(2017년 11월, 히말라야 안나푸르나 트레킹에서)

주제의 팁: 안나푸르나 트레킹 첫날, 힐레에서 울레리까지 계속 계단길 오르막이다. 돌림반주를 넣어가며 노래해보았다.

04 히말라야 제1의 전망대 푼힐

웃음꽃이 피어난다.

화창한 봄날 봄꽃이 흐드러지게 피어나듯 웃음꽃이 피어난다. 지구상에 있는 온갖 인종들이 만들어내는 기쁨의 웃음이요, 가슴 뿌듯한 성취의 몸짓이다. 오늘날 히말라야의 푼힐은 단순한 '푼족의 언덕'이 아니라 세계인의 언덕이 되었다. 옷도 생김새도 다르고, 언어도 풍습도 다르다. 온갖 종류의 인간들이 같은 장소에 올라 같은 설산을 바라보며 한가지로 즐거워하고 있지 않은가.

통쾌하도다!

보라! 언덕을 가득 메운 총천연색 물결을

보라! 언덕을 병풍처럼 둘러싼 설산들의 신비로운 모습을

보라! 언덕에 넘쳐나는 지구인들의 유쾌한 웃음을….

그중에 나 있으니 나는 행복하여라!

새벽을 뚫고 푼힐로

푼힐에서 단체사진

Poon-Hill

스푼을 닮았다고 해서 붙여진 이름일까.

그렇다면 험난하지는 않을 듯한데…. 여하튼 안나푸르나 산군뿐 아니라 히말라야에서 제일가는 뷰-포인트라 하니 어찌 호기심이 발동하지 않을 수 있으랴. 그렇게 해서 (주)혜초와 함께 짐을 꾸린 안나푸르나-푼힐 라운딩 트레킹이다. 그러나 나에게 푼힐 트레킹은 순조롭지만은 않았다.

포카라에서 나야폴로 이동하는 버스 안에서 갑자기 복통과 설사 증세가 있어 염치불고 남의 집으로 뛰어드는 촌극을 벌였다. 아마도 아침에 호텔에서 우유 먹은 것이 탈이 난 것일 게다. 가벼운 지사제를 썼지만 그 후로 그날의 숙박지인 '울레리'에 오를 때까지 6번의 설사를 하면서 그 가파른 계단 길을 올라야만 했다. 급기야 가이드에게 이대로 산행을 계속해도 되겠느냐고 물었더니, 안 되면 네팔 식으로 약초 약을 써보자고 했다. 맙소사! 좀 더 강력한 지사제를 써보기로 했다. 다음 날 아침 7번째 설사를 쏟아내더니 거짓말처럼 뚝 그쳤다. 휴, 하마터면 큰일날 뻔했다. 지난해 EBC에 오를 땐 감기에 걸려 고생하더니 이번엔 설사로 히말라야를 음미하는구나.

푼힐 언덕은 정말 대단하다.

스푼을 엎어놓은 듯 둥그스름한데 정상 일대가 소백산보다 넓고 태백산 장군봉처럼 평온하다. 험준한 히말라야에서 이렇게 넓고 평탄한 정상을 가진 것 자체가 기적 같다. 아마도 푼 족들이 신성시하는 장소임에 틀림없다. 히말라야의 일출은 신비롭다. 태양이 높은 설산 사이를 비집고 예리하게 파고들어 히말라야의 능선과 골짜기를 샅샅이 들춰낸다. 산은 자존심이 상하지만 어둠을 몰아내주는 태양 앞에 옴짝달싹 못하고 발그레한 볼만 매만질 뿐이다.

푼힐의 태양은 다울라기리(8,167m) 정면에서 솟아오른다. 웅장한 다울라기리가 백의의 천사처럼 화려하게 하늘에서 강림하니, 투크체피크(6,920m)가 쪼르르 달려 나와 시중을 든다. 닐기리(7,061m)가 다울라기리에 기죽지 않으려고 발꿈치를 치켜들고 애써보지만 아무도 거들떠보지 않는다. 안나푸르나 제1봉(8,091m)이 멀리서 느릿느릿 팔자걸음으로 나오는데 어깨가 넓은 바라시카르(7,647m)가 시치미를 떼고 앞을 가로막고 나선다. 안나푸르나 제1봉이 태클을 당하자 화가 난 안나푸르나 남봉(7,219m)이 헐레벌떡 달려나와 바라시카르를 째려보며 몸싸움을 벌일 기세다. 거봉들의 새벽 행차를 뒤늦게 알아차린 마차푸차레(6,997m)가 백조처럼 곱게 차려입고 꼬리를 살래살래 흔들며 무대 앞으로 등장한다. 이렇게 해서 푼힐의 새벽은 그 화려한 막을 올린다. 태양은 스포트라이트를 돌려가며 비춰준다. 인간 세상의 새벽과는 차원이 다르다.

아~ 히말라야의 설산들이여~

설산 희롱하는 요염한 구름

안나푸르나를 트레킹하는데 전초 기지는 '나야폴'이다. 나야폴에서 출발하여 나야 폴로 돌아온다. 그렇다면 푼힐의 최 전초 기지는 '고레파니'다. 해발 2,870m의 고갯마루에 자리 잡은 고레파니는 제법 큰 마을이다. 푼힐에 올라 일출을 보려는 모든 트레커들에게 숙소와 식사를 제공하는 것을 보면….

고레파니에서 단잠을 뿌리치고 새벽 4시에 일어나 준비를 한다. 푼힐이 해발 3,210m이니 고도 340m를 올라야 한다. 그러나 이미 고도가 높고 경사마저 급하니 고산병에 신경이 쓰일 수밖에 없다. 그러나 두려워할 것도 당황할 것도 없다. 천천히 쉬어가며 오르는 것이 그 답이다. 그렇게만 한다면 그 정도 높이에선 고산병 약을 먹지 않아도 된다. 깜깜한 어둠 속에 헤드라이트 불빛만 하늘을 찔러댄다. 이스라엘 민족이 불기둥의 인도를 받아 홍해를 탈출하듯 끝없는 대열이 새벽을 꿈틀거린다.

푼힐에서 내려다본 안나푸르나 남봉

  별들도 잠에서 깨어나 소리 없는 응원을 보낸다. 그중에도 뷔너스(금성)가 제일 열성이다. 유난히 크고 반짝인다. 금방 내려와서 손을 잡아줄 것 같다. 과연 인간과 자연이 한 덩이가 된 엑서더스가 새벽을 깨우며 푼힐 언덕을 오르고 있다.

  트레커들은 히말라야의 우주 쇼에 매료되어 움켜잡았던 가슴을 열어젖힌다. 몇십 몇백 킬로 떨어진 허공에 뜬 설산. 희미한 여명 속에 피어나는 그 설산을 바라보며 감격에 젖는다. 통쾌하다. 신비롭다. 이 광경을 보기 위해 그들은 2박 3일을 걸었다. 가쁜 숨을 몰아쉬며 오르고 또 올랐다. 다울라기리, 안나푸르나, 마차푸차레⋯. 일출에 비춰보는 그들의 모습은 눈물겹도록 아름다웠다. 별 한 번 보고 설산 한 번 보고, 보고 또 보고⋯. 푼힐의 일출은 태양이 솟는 모습을 보는 것이 아니라 그 반대편, 그러니까 일출의 태양이 비추는 피사체 설산을 보는 것이다. 괜히 서성이며 시간을 보낸

푼힐의 새벽 다울라기리 풍경

다. 설산 한 번 보고, 군상들 한 번 보고…. 전망대에 올랐다가 정상 일대를 한 바퀴 둘러보기도 하고…. 마지막으로 친구들을 찾는다. 히말라야의 혼이 깃든 신성(神聖)한 설산에 그들의 슬픔과 고뇌와 욕정마저도 송두리째 빼앗기고 가벼워진 가슴으로 즐거워하고 있다.

　푼힐 언덕을 내려올 때 가슴이 텅 비었다. 허공처럼 비었다. 가슴 속에 쌓였던 무거운 삶의 더께들이 스스로 날아가고 정녕 가슴은 비었다. 고통의 보람이요, 성취의 기쁨이다. 그렇다. 고통, 미움, 탐욕, 정욕 같은 부정적 마음은 형체는 없으나 천근만근의 무게다. 그러나 사랑과 기쁨, 선하고 아름다운 마음은 형체도 없고 무게도 없다. 행복은 질량이 없다. 그래서 가슴이 가벼울수록 행복을 느낀다. 지금 같은 기분이면 세상을 사랑할 수 있을 것 같다. 사람들은 이곳에서 히말라야를 느끼고 지구촌의 비경을 체험한다. 푼힐을 체험한 사람들은 자기 자리로 돌아가 아마도 훌륭한 일을 할 것이다.

　푼힐은 히말라야의 향기 좋은 한 묶음 꽃다발이다.

촘롱으로 가는 길

05 촘롱으로 가는 길

촘롱으로 가는 길

안나푸르나 산행 길
푼힐 전망대에 감격하고
타다파니 츄일레 거쳐
촘롱*으로 가는 길

한없이 걸었다
촘롱은 어디쯤일까
땅 위에 있는 걸까
하늘 아래 있는 걸까
있기는 있는 걸까

능선과 계곡
심지어 하늘마저도
어느 것 하나 낯익은 것은 없네
숲에서 나와
숲으로 사라지는
실낱같은 산길

미궁의 실타래처럼

이 실을 단단히 잡아야 해

바람이 불어 헝클어지면 안돼

들쥐가 쪼아 끊어지면 안돼

히말라야를 영영 벗어날 수 없으리

잡아라

움켜쥐고 걸어라

이 실은 생명의 길 흔들면 안돼

어딘지 모르지만

그 끝에 촘롱이 달려 있기 때문이야

* 촘롱: 안나푸르나 길목에 있는 마을

팁: 푼힐에서 촘롱까지 이틀 길이다. 이틀 동안 히말라야 산길을 걸었다. 가이드가 있지만 아무도 모르는 초행길이라 그 두려움을 표현해보았다.

06 촘롱의 태양

아기자기한 오솔길을 지나 언덕에 올라서니 돌담 위에 집 한 채가 나타났다.

마당 가장자리엔 주황색 국화꽃이 태양을 희롱하고 있다. 우리는 드디어 촘롱에 오른 것이다.

거친 히말라야에서 예쁜 꽃을 본다는 것은 아주 기분 좋은 감흥이다. 히말라야 사람들도 꽃을 좋아하나 보다. 지나온 마을에서도 자투리땅만 있으면 꽃을 심어 아름다움을 추구했다. 그들이 비록 척박한 땅에서 거칠게 살아가지만 마음만은 꽃을 사랑할 수 있는 부드러움과 여유를 가지고 산다는 뜻일 게다. 촘롱은 메뚜기 대가리처럼 언덕으로부터 툭 튀어나와 있다. 그래서 아무 가릴 것 없이 태양을 눈부시게 받아들인다. 우리는 레스토랑 마당에 널브러져 분위기를 즐기고 있었다.

츄일레의 일출

촘롱은 안나푸르나 지역의 교통 요지다. 길이라 해야 좁고 험한 등산길이지만 자동차 길보다 더 귀하다. 그 하나는 두말할 것도 없이 안나푸르나 베이스캠프에 오르는 유일한 길이요, 다른 하나는 머나먼 푼힐에서 건너오는 종주 길이요, 또 하나는 안나푸르나 등산지도의 거의 중앙에 위치한 간드룩(Ghandruk) 경유 나야폴로 이어지는 길이요. 마지막 하나는 우리가 하산할 때 가야 할 길로, 온천이 있는 지누단다(1,760m), 시와이 경유 나야폴 길이다.

촘롱으로 오르는 필자

푼힐에서 이곳까지는 이틀 동안 걸어와야 했다. 오르내림이 많은 험난한 길이었다. 우리는 츄일레(2,245m)에서 1박을 하고 해발 1,700m 대로 떨어져 그룽콜라 계곡을 출렁다리로 건너 다시 솟구쳐 올라왔다. 이 길은 정말 첩첩산중 길이다. 들쥐와 바람만 다니는 야생의 길이다. 그러한 야생의 분위기를 일시에 몰아내고 밝은 태양 앞으로 내미는 것이 바로 촘롱이다. 촘롱은 깊은 계곡으로부터 솟아오른 돌출된 언덕이다. 전망이 기가 막히게 탁 틔었다. 가슴이 후련하다. 누적된 피로와 위축된 마음이 일시에 풀어졌다.

촘롱은 ABC(안나푸르나 베이스캠프)에 오르는 자신감을 불어넣어주었다. 지난 4박 5일 동안 고소적응뿐 아니라 숱한 어려움을 겪으며 백전노장이 되었기 때문이다.

촘롱에서 ABC까지는 외길이다. 가는 데만 최소한 2박 3일이 걸린다. 고도(高度)도 2,000m를 더 올라야 하지만 더 속도를 내면 고소증에 걸릴 확률이 높다. 히말라야를 관광하는 사람들은 촘롱에 오르면 되돌아갈 것이냐, ABC에 오를 것이냐를 결정해야 한다. ABC를 가기 위해 데우랄리 코스로 접어들면 중간에 빠져나가는 길은 없다. 되돌아올 수밖에…. 음침한 깊은 계곡을 장시간 들어가야 하므로 촘롱에서 밝은 기를 팍팍 받아야 한다.

히말라야에서 제일 넓은 들을 가진 곳은 아마도 EBC(에베레스트 베이스캠프) 코스의 팡보체일 게다. 그곳은 넓은 평야처럼 보인다. 그런데 안나푸르나 지역에서 제일 풍요로운 곳은 바로 촘롱이다. 이곳은 안나푸르나로부터 발원하는 모디콜라 강이 'Y'자 계곡을 형성하고 있어 경치도 좋다. 그러나 경사가 급하여 경작을 할 수가 없다. 그래서 형성된 것이 계단식 밭이다. 촘롱에서 시누와로 넘어가는 넓은 경사면에는 주택과 밭이 잘 어우러져 있다. 계단식 밭이 우리나라 지리산 세석평전보다 더 넓게 펼쳐져 있다. 히말라야의 농촌 풍경을 이곳에서 본다.

감자, 양배추, 콩, 토란, 오이, 토마토 등 다양한 작물을 재배하고 있다. 토란을 보니까 우리나라 고춧대 같은 꼬챙이를 포기마다 지주대로 세웠다. 땅이 척박하여 토란대가 튼튼하지 못하면 쓰러지기 때문이 아닐까 생각해본다. 그리고 토란대는 우리처럼 껍질을 벗겨서 길게 쪼개는 것이 아니라 무 삐지듯이 칼로 삐져서 지붕 같은 데 말리고 있었다. 토란대를 말려서 먹는 것은 우리나라와 비슷했다. 콩은 주로 넝쿨 콩인데 한 그루에 긴 대나무 꼬챙이 하나씩 꽂아 넝쿨을 올린다. 이 역시 우리와 비슷하다. 척박한 이곳 히말라야에서 농사짓는 것을 보니 나의 텃밭에서 농사짓던 일이 생각 나 반갑고 신기하고 흐뭇하더라. 이런 것으로 보아 그들의 식단을 예측할 수가 있다.

촘롱에서 모디콜라(강)를 건너 시누와로 들어가는데 시누와 쪽에서 촘롱 언덕을 바라보면 넓은 계단식 밭의 이국적인 모습을 잘 볼 수가 있다. 또 시누와에서 밤에 보면 촘롱 언덕의 불빛이 하늘의 별처럼 반짝인다. 그 또한 신기하더라.

우리는 촘롱에 다시 올 수 있을까! 우리 일행 중에 다시 오겠다는 사람은 아무도 없더라. 그러나 촘롱은 홀로 빛날 것이다. 안나푸르나가 있는 한….

태양이 빛나는 촘롱언덕

07 이룰 수 없는 화해

안나푸르나 라운딩 트레킹 하는 중이었다
푼힐에서 촘롱으로 넘어가는 깊은 산골
길섶에 풀은 많지만 눈에 익은 것이라곤 없다
그런데 언뜻 가시들이 솟구친다
가만 보니 도둑가시처럼 생겼다
설마 했지만 틀림없는 도둑놈가시다

도둑놈가시는 우리 집 텃밭에 자생하는 성가신 잡초다
나는 보기만 하면 가차 없이 뽑아버리고
그놈은 살아남으려 끈질긴 사투를 벌인다
도대체 우리 텃밭에 있던 것이 어떻게 히말라야에 왔단 말인가
그 날카로운 갈고리가 히말라야 진출에 결국 성공한 것일까
뜻밖의 만남이지만 놀랍고 반갑다
이 험준한 히말라야에서 나를 알아보는 건 그래도
너뿐이로구나
눈 맞춤을 하고 이리저리 앵글을 잡으며 스킨십을 한다
텃밭에 있을 땐 진저리도 미웠던 것이
고향친구를 만난 듯 이렇게 정답고 기쁠 수 있으랴

그나저나

우리 집 텃밭에 다시 가면 저를 어찌해야 하나

친구가 되어 사이좋게 지내자니 밭이 엉망이 될 거고

뿌리를 뽑자니 아름다운 인연이 울고 갈 것 아닌가

(2017년 12월, 히말라야 트레킹에서)

히말라야의 도둑놈가시

08 나마스테, 히말라야 공용어

에베레스트 베이스캠프(EBC)에 오르면서 벵카에서 첫날밤을 보냈다. 아침에 눈을 떠 창밖을 보니 설산이 "나마스테!" 하고 반갑게 인사한다. 어, 저 설산이 어제는 분명 없었는데…. 아침에 갑자기 나타났네. 히말라야에서 이렇게 가까이 설산을 보는 것은 처음이다. 그런데 싸늘한 설산이 어찌 청산(靑山)을 보듯 싱그러울 수가 있을까. 계곡의 소실점에 방긋 웃고 있는 새벽빛의 설산, '하이, 나마스테!'

히말라야를 다녀온 사람은 이 말을 안다.

영어가 세계의 공용어라면, '나마스테'는 히말라야의 공용어다. '안녕하세요'라는 뜻인데 그들이 이 인사를 할 때는 반드시 합장을 한다. 신의 가호가 있기를 빈다는 뜻이다. 말만 하는 것이 아니라 진심을 담아 존경을 표하는 말이다. 그 어원은 고대 인도의 산스크리트어에서 유래되었다고 하니, 따지고 보면 세계에서 가장 오래된 인사법이 아닐까 생각된다.

에베레스트 베이스캠프(EBC)에 오르는 길은 경운기가 다닐 수 있는 정도의 넓이는 된다. 그러나 자동차며 오토바이 같은 전동력으로 움직이는 운반체는 물론이요, 달구지나 자전거도 없다. 짐은 오직 사람과 말과 소들의 등으로 운반된다. 비행장이 있는 루클라로부터 해발 5,000m의 고락셉 마을까지…. 짐꾼들이 끊이지 않고 오르내린다. 온갖 물자가 공급되어야 하기 때문이다. 마을마다 식당이나 숙소가 있어 여행객들의 숙식 해결에 어려움이 거의 없을 정도다. 그러고 보면 EBC에 오르는 트레킹은 길과 숙식보다는 고도(高度)와의 싸움이다.

EBC에 오르는 길에는 수많은 나라의 사람들이 다닌다. 생각보다 혼잡하다. 백인들은 오래 전부터 다닌 듯 월등히 많다. 가히 백인들의 천국이다. 황색 인종인 한국, 일본, 중국 사람들이 활발하게 움직인다고는 하지만 어림없다. 아직도 세계의 트레킹은 백인들이 주름잡고 있다. 그래서 '나마스테'보다 '헬로'를 쓸 때가 많기는 하다. 백발의 노인들이 있는가 하면 새파랗게 젊은 여자들도 홀로 가이드도 없이 포터만 데리고 보무도 당당하게 올라간다. 뒷동산 오르듯이 올라가는 그들의 모습에서 히말라야의 오늘을 보는 듯하다. 오르고 내리는 사람이 많으나 길이 넓어 부딪히거나 인사할 기회는 별로 없더라. 단지 동양 사람을 만나면 혹 우리나라 사람인지도 몰라 인사를 해야 겠는데, 그때는 일단 나마스테를 띄워본다. 저쪽에서 반응이 나오면 안녕하세요 하면서 본격적인 인사를 교환하며 수다도 떨고 정보 교환도 한다.

나마스테를 쓸 기회는 에베레스트 코스보다는 안나푸르나 코스에서 더 많다. 특히 푼힐에서 촘롱을 거쳐 ABC에 오르는 코스에서는 매우 많다. 길이 좁고 험하여 서로 교차하려면 어깨를 부딪치거나 아니면 한쪽이 기다려야 하기 때문이다. 그래서 인사를 안 할 수가 없다. 이쪽에서 나마스테 하면 저 쪽에서도 나마스테로 받는다. 나마스테는 남녀노소 구별하지 않는다. 이름을 몰라도 괜찮고, 국적을 몰라도 괜찮다. 마음에서 마음으로 통하기 때문이다. 나마스테는 말하기도 좋고 듣기도 좋다.

마을에는 집들이 주 등산로의 좌우에 늘어서 있다. 어찌 보면 길이 집집마다 찾아다니는 시스템이다. 그래서 어떤 때는 마당이 통로다. 트레킹 족들에게 영업을 하는 것은 그들이 먹고살기 위한 절대적인 수단이 되기 때문이다. 그 마당을 지나면서 나마스테 한다. 급경사 좁은 골짜기 척박한 땅에서 먹고살려면 농사보다는 장사다. 농사라야 손바닥만 한 귀퉁이에 감자나 배추 등을 심는데 아주 보잘것없으니 말이다.

그들의 나마스테 정신은 동네 공동체에까지 스며들어 있다. 마을 어귀에는 탑문(塔門)을 세워두었다. 이는 오는 사람을 환영한다는 상징이요 정신일 것이다. 그리고 동구 밖에는 역시 송영탑을 세워두었다. 물론 잘 가라며 합장하는 뜻일 게다. 또 마을

남체의 송영탑

곳곳에는 오색 깃발을 꽂아 둔다. 이를 '룬다'라 하는데 흰색은 눈이요, 빨강은 불을 의미하며 그린은 숲이요, 파랑은 하늘이며 노랑은 땅이다. 이와 같이 그들은 자연을 사랑하며 자연의 가치를 알고, 믿고 숭상하며 자연과 더불어 자연 속에서 살아간다. 그런가 하면 불교 경전을 깃발에 새겨 만국기처럼 줄에 걸어놓는다. 이를 '타르쵸'라 하는데 정신 사납긴 하다. 이와 같이 그들은 가난하게 살지만 인간관계에서 인연과 선행(善行)을 중요시하며 살아간다는 표징이다. 나마스테의 합장 속에는 이런 것들이 녹아 있다고 보아야 할 것이다. 히말라야를 처음 오르는 사람들이 얼마나 두렵고 힘들까. 그 낯설고 척박한 산속에서 나마스테는 그들의 마음을 어루만져주는 역할을 잘 하고 있다.

나마스테!

이 인사가 히말라야를 벗어나 온 세계로 뻗어나간다면 우리들 지구촌은 좀 더 밝고 행복한 삶의 터전이 될 것으로 기대해본다.

09 백전노장 그 풍채

칠칠이 사십구

기껏 마흔아홉이라

히말라야 오르기 딱 좋은 나이네

젊을 때는 먹고사느라

인생이 무엇인지 방황하다

이제야 히말라야가 나의 꿈이란 걸 알았네

칠칠이 사십구

아직도 불혹이라

소갈머리 없는 데다

거친 눈썹엔 흰 눈이 내리고

초롱했던 두 눈은 비록 총기는 사라졌지만

천리를 헤아리는 지혜가 생겼네

칠칠이 사십구

힘들면 쉬어가고

심심하면 설산 보고

미련이 남으면 푸른 하늘 쳐다보네

백전노장 그 풍채가

히말라야에 딱 어울리네

그대는 방년 77세

(2017년 11월, 안나푸르나 트레킹에서)

백전노장 그 풍채

부록 지리산 종주길에 보는 야생화들

강활(치밭목 산장)

구절초(거림이 코스)

나도옥잠(봄)

노루오줌풀(봄)

동이나물(세석)

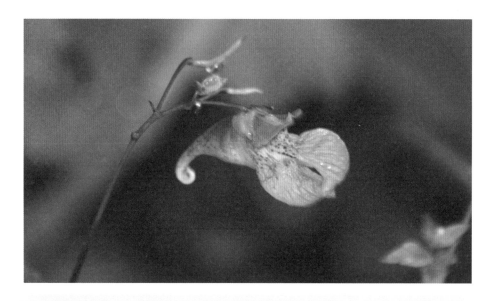

물봉선(토끼봉)

물참대(봄)

미나리아재비(봄)

미역줄나무(청학 삼신봉)

바위떡풀(봄)

바위떡풀꽃(가을)

병꽃(봄)

붓꽃(노고단)

비비추(봄)

사랑초(봄)

산수국(봄.여름)

산오이풀(가을)

산죽꽃(일생에 한 번)

삿갓나물(봄)

쑥부쟁이(가을)

애기나리(봄)

앵초(봄)

얼레지꽃(봄)

용담꽃(가을)

이질풀(토끼봉)

족두리풀(봄)

철쭉꽃(봄)

취꽃(가을)

투구꽃(가을)

풀솜대(봄)

함박꽃(봄)

현호색(봄)

흰진범(토끼봉)